李娜——编著

与圆：营人生的智慧

民主与建设出版社

·北京·

方与圆是中国哲学和文化中特有的概念。早有"天圆地方"之说，意指天地的自然形态，后经演变，古代先贤赋予了方与圆更为复杂、更具内涵的哲学意义。在方圆之道中，方是原则，是目标，是做人之本；圆是策略，是手段，是处世之道。千百年来，"方圆有致"被公认为是最适合中国人做人做事的成功心法，成大事者的奥秘正在于方与圆的完美结合：方外有圆，圆中有方，方圆相济，方圆合一。

方是做人之本，圆是处世之道，方圆之道即是立世之本。黄炎培曾教育儿子："和若春风，肃若秋霜。取象于钱，外圆内方。"意为做人要像古代的钱币一样，外圆内方，体现了为人之道和处世之道的至高学问和通达智慧。做人要有脊梁、有血性，要有金戈铁马、挥斥方遒的志向和气度，但又不可墨守成规，拘泥于形式，要有圆融处世、适应社会潮流的柔韧。

方是原则，圆是机变，方圆之道即是成功之道。《菜根谭》有言："建功立业者，多虚圆之士；偾事失机者，必执拗之人。"指能够建大功立大业的人，大多都是能谦虚圆融灵活应变的人，凡是惹是生非、遇事坐失良机的人，必然是那些性格执拗不肯接受他人意见的人。这样的例子在中外历史上比比皆是。

方圆之道也要讲求"度"。为人没有方，则会软弱可欺，做事不懂圆，则会处处树敌。如果太过方正或太过圆融，则会寸步难行。只有把握好方圆之度，恰当使用方圆之道，才能在社会生活中占有一席之地。

方圆智慧是为人处世的永恒智慧。为了让读者既能充分了解方圆哲学，又能游刃有余地使用方圆之道，把握好方圆之度，我们推出了这本《方与圆：经营人生的智慧》。本书从方圆哲学讲起，理论联系实际，教你如何在生活中、职场中恰当地运用方圆哲学和方圆智慧。该方时方，该圆时圆；方中有圆，圆中有方，以不变应万变，以万变应不变。

目录

第一篇　方与圆

第一章 / 方之道

第二章 / 圆之法

第一篇

方与圆

第一章
方之道

方代表原则性和是非观，是对人生方向的整体性引导。它遵守传统的道德规范，又不失做人的个性。因为有方，方圆智慧成为一种被万人推崇的智慧哲学。

方是信仰，是做人的信念

矩能画方，但矩不是方，它不过是利用了自己的优势给方做了规范性的调整，使之形成自己的形状。同理，方正不是具体的做法，而是一种信念，一种信仰，它不会给人们提供具体的制约规范，而是在思想上影响着人们，让人们去按照自己的信念追求理想，设计生活。

尽管人们可能生活在同一个圈子里，面对同样的环境，但是由于人们受到的影响不同，所形成的信念也是不尽相同的。如果想要自己的生活向着高处走，那么你规范自己生活的矩形可能就会高一些，而如果你安于现状，没有过高的追求，那么规范你生活的矩形就稍微矮小一些。但是，不管你是以什么态度去面对生活，你的心态总是会受到方正精神的影响。

方正的智慧，就是道德的智慧，就是人们对于品德的信仰以及在这种品德信仰的约束下形成的设计生活的信念。它就像是一支火把，它能最大限度地燃烧一个人的潜能，指引人们飞向梦想的天际。

20世纪70年代中期，当时很多人认为微电脑至多只是一种玩具，但盖茨和艾伦却看到了这种"玩具"所蕴含的巨大商机，因为它可以给使用者提供极大的方便，同时它也可以给制造商们提供巨额财富。但是，当时的人们难以理解这种超越时代的想法，都认为他们是疯了，所以，盖茨和艾伦所面临的阻力很大。

但是，盖茨和艾伦还是迈出了发展的第一步，也是最重要的一步。他们始终坚信他们会成功，不管付出多么大的代价！两个年轻人作出了对世界互联网行业的发展具有转折性意义的决定：盖茨和艾伦在亚帕克基市创立微软公司，为各种各样的电脑提供软件。随后，盖茨为了尽快实现自己的人生目标，又做出了一个重要的决定：从哈佛大学退学。

现在我们姑且不说盖茨和艾伦后来的发展，单就他们在这一阶段的经历来说，当他们确定了自己的人生目标后，就开始朝着这个目标去努力，可以说，这个清晰的目标产生了坚定的信念。目标越清晰，信念就越坚定。在信念的支持下，盖茨和艾伦全身心地投入到他们的事业中，付出了他们的所有，包括盖茨从世界著名的哈佛大学退学。他们将人生所有的"赌注"都押上了。

长虹的CEO倪润峰对于信念是这样阐述的：公司如人，一定要有明确的目标，在追求目标的过程中一定要有坚定的信念，要咬定青山不放松，这样才能做到全身心投入，行动起来才能敏捷、有力度，唯有保证目标正确、信念坚定、行动有力，才能保证长虹一直做正确的事和正确地做事。

目标在信念的不断提升中巩固，唯拥有执着的信念，目标才有实现的可能。许多看起来不可能完成的任务，都在我们不渝的信念中变成现实。未来，因目标而精彩，因信念而真实。目标，需要明确；信念，需要固守。

目标与信念给人以持久的动力，它是人的精神支柱，如果这根支柱垮了，人也就跟着垮掉了。

有一年，一支英国探险队来到了撒哈拉沙漠的某个地区。在茫茫的沙海里负重跋涉，阳光下，漫天飞舞的风沙，扑打在探险队员的脸上。他们口渴似炙，心急如焚——大家的水都没有了。这时，探险队长拿出一只水壶，说："这里还有一壶水。但穿越沙漠前，谁也不能喝。"一壶水，成了生命的寄托。水壶在队员手中传递，那沉甸甸的感觉使队员们濒临绝望的脸上，又显露出坚定的神色。最终，探险队顽强地走出了沙

方是信仰，是做人的信念

方是一种信念，一种信仰，它不会给人们提供具体的制约规范，而是在思想上影响着人们，让人们去按照自己的信念追求理想。

我是不会背叛我的祖国的！

荣华富贵和死亡你选哪一个？

有骨气的人遵守着自己的行为准则，时刻注意维护自己的尊严，而不让别人看低自己。

在追求目标的过程中也要有坚定的信念，要"咬定青山不放松"，坚定不移地为理想奋斗，这样才能做到全身心投入，才能实现理想。

成功
信仰
信仰
信仰
信仰
信仰
信仰
信仰
信仰

有信仰是为人处世中的基本要求。在与人相处的时候，精神上失去了信仰，就如同身体中抽出了脊梁，根本无法立足于世。

漠，挣脱了死神之手。大家喜极而泣，用颤抖的手拧开那壶支撑他们精神和信念的水——缓缓流出来的，却是满满的一壶沙！

炎炎烈日下，茫茫沙漠里，真正救他们的，又哪里是那一壶沙子呢？他们执着的信念，已经如同种子，在他们的心里生根发芽，最终带领他们走出了沙漠。

事实上，人生从来没有真正的绝境。无论经历多少苦难，只要一个人的心中还有方的信念，还能维持对生活的崇高的信仰，那么总有一天，他会走出困境，让生命重新绽放光彩。

方是脊梁，是做人的骨气

方正是硬的东西，有棱有角；它不懂弯曲，不懂妥协；它不会表现出奴颜媚骨，让人看不起，所以方是强硬的，有骨气的，而它的这种精神，正是中国人历来所崇尚的。

中国人历来把"有骨气"作为做人做事的基本要求。在与人相处的时候，精神上失去了骨气，就如同身体中抽出了脊梁，根本无法立足于世，也会被人看不起。

没有骨气的人，只能成为别人精神上的奴隶，尽管做事的时候会不断地迎合别人，但是别人不会把他放在心上，而是会鄙视他，甚至厌烦他。所以，做人必须要有骨气，有自己的尊严和气魄。

有骨气的人就是刚正的人。他们遵守着自己的行为准则，时刻注意维护自己的尊严，而不让别人看低自己。

鲁迅先生是一个非常有骨气、敢于与黑暗反动势力做斗争的作家、革命家和思想家。通过"横眉冷对千夫指，俯首甘为孺子牛"这句诗，我们就能看出，鲁迅先生是一个坚定的革命战士。鲁迅先生不但写出了许许多多振聋发聩的著作，通过不断"呐喊"唤起当时"彷徨"的人民起来斗争。"真正的猛士，敢于直面惨淡的人生，敢于正视淋漓的鲜血。"便是鲁迅先生的真实写照。所以无论是在当时同胞的眼里，还是在反动派眼里，鲁迅先生都被视为中国最有骨气，骨头最硬的人。

正是这种骨气，促使鲁迅先生成为当时中国文坛最伟大的作家。鲁迅先生认为，一个人如果没有了骨气，奴颜婢膝，蝇营狗苟地生活将是最大的悲哀。那样的人生简直毫无意义。

关于人活着必须要有骨气，还有这样一个小故事。

年少时的鲁迅先生，立志学医来拯救当时孱弱的民众。1904年9月鲁迅先生东渡日本，进入仙台医学专科学校。当时他希望用新的医学来"促进国人对于维新的信仰"。他学习勤奋，受到教师藤野严九郎的热切关怀和帮助。不久，他在有关日俄战争的幻灯片上，看见一个替俄国军队当侦探的中国人，被日本军队抓住杀头，围观的竟然都是中国人，而且他们竟无动于衷。这使鲁迅痛切感到：医学并非紧要，如果一个人没有了骨气，思想不觉悟，即使体格健壮，也无济于事。于是他认为头等重要的还是改变人的精神，唤起人民的自尊心，使国人成为有骨气的人，而不是毫无骨气可言，奴颜婢膝的奴才。

古往今来，我们一直倡导做人要有骨气。从"廉者不受嗟来之食"的古训，到陶渊明不为五斗米折腰，再到李白高吟"安能摧眉折腰事权贵，使我不得开心颜"，朱自清宁可饿死也不吃美国救济粮……他们都是有骨气的中国人，都是真正挺起脊梁做人的大丈夫。

有骨气、有尊严是一个人做人的根本。无论在什么时候，我们都应当挺起做人的脊梁。在一个论坛里，有一位网友写下了他亲眼所见的一个小故事。

一个下着小雨的中午，北京市387路公交车车厢里稀稀拉拉地坐着几名乘客。到西直门站时，上来一对残疾父子。中年男子是个盲人，而他不到10岁的儿子则只剩下一只眼睛略微能看到东西。父亲在小男孩的牵引下，一步一步地摸索着走到车厢中央。当车子继续缓缓往前开时，小男孩开口了："各位先生、女士，你们好，我的名字叫李平，下面我唱几首歌给大家听。"

接着，小男孩边弹电子琴边唱起歌来，电子琴弹得很一般，但孩子的歌声却有天然童音的甜美。正如人们所预料的那样，唱完了几首歌曲之后，男孩走到车厢前面，开始"行乞"。但他手里既没有托着盘，也没直接把手伸到旅客面前，只是走到你身边，叫一声"先生"或"女士"，然后默默地站在那儿。乘客们都知道他的意思，但每个人都装着不明白的样子，或干脆扭头看车窗外面……

当小男孩两手空空地走到车厢尾时，旁边的一位中年妇女尖声大嚷起来："真是不知道怎么搞的，北京的乞丐怎么这么多，连公交车上都有！"

这一下，所有的目光都集中到这对残疾父子的身上，没想到，小男孩竟表现出与年龄极不相称的冷峻，他一字一顿地说："女士，你说错了，我不是乞丐，我是在卖唱。"

车厢里所有淡漠的目光刹那间都生动起来。有人带头鼓起了掌，然后是掌声一片。

我们没有理由不给故事中的小孩一份赞许，因为他相对于那些只等着别人施舍的乞丐来说，最起码他有付出自己的劳动，他有骨气用劳动来证明自己的价值。所以，从这个故事中我们也可以看出，人活着必须要有骨气，活着就该挺起刚直的脊梁，这是做人的根本。骨气无价，一个人失掉了骨气，做人的价值和乐趣也就无从谈起。所以，当自己的尊严受到侵犯的时候，一定要告诉自己：要挺起脊梁，用行动捍卫自己的尊严。

方是规矩，是做事的准则

俗话说："没有规矩不成方圆。"这里强调的"规矩"，就是做人和做事的行为准则。它是原则性的东西，所以也更加侧重于方的强硬和坚持，而不是圆的柔和与变通。

我们说，方是做人的根本，是对人生道德上的指引，它起着一种原则性的束缚作用。这其实是不无道理的。因为每一件事的运作都有其自身的规则，只有按照原则做事，按照规矩办事，才能使事情正常进行下去，才能赢得他人信任。

清代红顶商人胡雪岩每做一桩生意时，都履行应该遵守的商业规则，比如绿营兵军官罗尚德上战场之前在胡雪岩开办的阜康钱庄存了一笔银子，当胡雪岩开出存折时，他坚决不要，因为一来他相信胡雪岩的信誉，二来怕自己上战场后，凶多吉少，要不要存折无所谓。但胡雪岩坚持开出存折，称这道手续不能省略。客户存入款项钱庄必须开出存折，这是照规矩办事。又比如胡雪岩与古应春等人合伙卖蚕丝，一下子卖了 10 万两银子，除去必要的开支外，赚来的银子所剩无几。既然是合伙，胡雪岩仍然坚持分出红利，他说即使自己没有赚到一文钱，红利该分的还是要分。与合作伙伴均分红利，这也是照规矩办事。

正是因为胡雪岩照规矩办事，天下与他打交道的人无不信任他，所以，胡雪岩的生意才越做越大。

按规矩办事的典范当属犹太人了，在他们看来，不按规矩做事的人，是不守信用的，是不值得人信任的。不按规矩办事的人，也常常会因为轻率而上当受骗。

宴会上有一个犹太人和一个日本人。这个犹太人喜欢画画，所以在饭桌上，他无事可做，就拿出一张纸来，朝着日本人的方向伸出大拇指，仔细测量着什么。

众所周知，画画的人如果有这样的行动，就是要把对方当成模特，而在测量比例。果然，很快地，犹太人画出了一幅日本人的画像。他把画递给日本人，让他来做评论。日本人说："画得不错，如果能再注意细节方面就更好了。"犹太人听了，将纸拿回去，翻到了另一面，又伸出大拇指，朝着日本人的方向衡量着。

日本人看到犹太人的举动，赶紧挺直了腰杆，希望能把自己画得好一些。可是，几分钟过去了，犹太人再次将画给日本人看的时候，他惊讶了，原来犹太人并没有画他，而是在画自己的大拇指。

犹太人看着日本人惊讶的表情，微笑着说："第一次做过的事情，第二次不一定会是相同的结果。所以，即使是有生意上的往来，第一次觉得这个人信誉不错，不代表第二次就不用签合同，而是还要像第一次一样，小心谨慎地按照规矩办事。"

日本人这才明白，原来犹太人在为他们以后的合作铺路，而他所想告诉日本人的第一点就是要按照规矩办事，信守合约。

犹太人以极强的做事能力著称于世，在犹太人看来，契约是神圣不可侵犯的，更不可毁坏。在犹太人的心目中，毁约行为是绝对不允许发生的。谁如果毁约，其人格就是卑鄙的，他的事业必然失败。契约一旦签订，就生效了，不但自己遵守，也要求对方严守契约，对契约绝不允许发生含糊不清的情形，无论发生什么问题，都是不可以更改的。

许多人在与他人打交道、做生意时，由于对对方不了解，不知道对方在做事过程中是否会守约，所以他们开始不太信任对方，尤其是第二次与不守约的人交往时，他们就根本不会相信所签订的契约。因此，在与犹太人交往中，要想博得信任，第一件要办的事便是按规矩办事，无论发生什么突变以及在什么特殊的环境之下，都要完全做到这点，否则

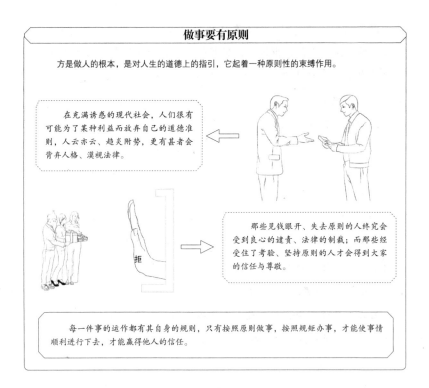

做事要有原则

方是做人的根本，是对人生的道德上的指引，它起着一种原则性的束缚作用。

在充满诱惑的现代社会，人们很有可能为了某种利益而放弃自己的道德准则，人云亦云、趋炎附势，更有甚者会背弃人格、漠视法律。

那些见钱眼开、失去原则的人终究会受到良心的谴责、法律的制裁；而那些经受住了考验、坚持原则的人才会得到大家的信任与尊敬。

每一件事的运作都有其自身的规则，只有按照原则做事，按照规矩办事，才能使事情顺利进行下去，才能赢得他人的信任。

你便是枉费心机。

良好信誉的建立，与我们能否坚持按规矩办事有着极为密切的关系，只有踏踏实实地按照大家都遵守的规矩做事，才能使人信服，建立起信誉。不顾章法，不按规矩办事的人，是没有人会相信他的。

可是生活中，有太多的人会因为第一印象而忽略了以后的做事准则。第一次合作很顺利，就以为以后都会不错，所以在以后的合作中，并不急着签合同；第一次觉得这个人借钱了之后很快就还了，就以为以后也会一样地守信用，所以就不再打欠条了……很多骗子都是利用人们这样的心理，在第一次的时候给人留下好印象，等人们开始松懈的时候，才开始行骗。所以，不要总是按照自己的思维习惯去做事，而是要遵守规矩，遵守做事的准则。

只有时刻按照规矩做事，我们才能避免很多不必要的麻烦，并且可以保证事情顺利地进行。

恪守原则，才不会方寸大乱

原则，代表一个人的信用；原则，代表一个人的人格；原则，代表一个人的道德。做人要坚持原则，这是非常要紧的。因为很多原则都是早就制定好了的，需要每个人都去遵守，如果有一个人没有遵守，那么就可能会引起别人的效仿；如果大家都不去遵守，那么就会引起混乱。

所以，即使是有再大的困难，也要遵守共同的原则，不能因为自己的情况特殊就随意改变。

美国前总统老布什是个原则性很强的人，他坚持"一就是一，二就是二"的原则。他认为空军1号就是空军1号，空军2号就是空军2

号，"只有总统才能在南草坪上着陆"。

1981年春，当时身为副总统的老布什正在一次飞往外地的例行公务旅行的飞机"空军2号"上，突然接到国务卿黑格从华盛顿打来的电话："出事了，请你尽快返回华盛顿。"几分钟后的一封密电告知：总统里根已中弹，正在华盛顿大学医院的手术室里接受紧急抢救。飞机调头飞向首都华盛顿。

飞机在安德鲁斯着陆前45分钟，布什的空军副官约翰·马西尼中校来到前舱为结束整个行程做准备。飞机缓缓下滑时，马西尼突然想出了个主意，他说："如果按常规在安德鲁斯降落后，再换乘海军陆战队的直升机飞抵副总统住所附近的停机坪，再驾车驶往白宫，要浪费许多宝贵时间。不如直接飞往白宫。"

布什考虑了一下，决定放弃这个可以紧急到达的计划，仍然按常规行事。

"我们到达时，市区交通正处高峰时期，"马西尼提醒道，"街道上的交通很拥挤，坐车到白宫要多花10～15分钟的时间。"

"也许是这样，但是我们必须这样做。"

马西尼点点头："是的，先生。"说着走向舱门。

看到马西尼中校显得疑惑不解，布什解释道："约翰中校，只有总统才能在南草坪上着陆。"布什坚持着这条原则：美国只能有一个总统，副总统不是总统。

尽管有特殊的情况，可是因为规定了"只有总统才能在南草坪上着陆"，所以时任副总统的老布什不得不放弃那个紧急到达的计划，这种做法，是非常值得人们去学习的。

我们在生活中，经常会遇到这样或者那样的事情。学生要按时上

课，工人要按时上班……这些原则也一直会成为突发事件的障碍。可是，原则就是原则，如果你因为自己的私事，没有请假就离开了自己的岗位，如果大家都像你一样，办公室就乱了秩序；作为学生，你不想去上课，如果其他人也跟你一样想，没有人去上课，那么教学的秩序就会大乱。

所以，一定要恪守原则，才能规避可能造成的混乱。

无论是生活还是工作当中，在关键的时候一个人是否能够坚持，常常是判断他的道德水准的重要依据。只有那些坚持原则的人，才能赢得他人的信任和支持。

我们做事讲究原则，做人也要讲究原则；一个人如果没有原则，见异思迁，经常变来变去，则朋友不愿与你共处，同事不愿与你共事。尤其居上位的人，如果没有原则，朝令夕改，则令百姓无所适从；师长如果没有原则，是非不明，则令学生无所依循；父母如果没有原则，赏罚不分，则令儿女无以学习。那么，我们要怎样坚持原则呢？如何将所坚持的原则发挥到最高的价值呢？有 4 点意见：

1. 不因利害而放弃原则

有一些人，刚开始的时候很讲究原则，不过到了利害关头，他就只顾利益，不顾道义。这种因利害而放弃原则的人，往往无义、无信，别人自然也不会愿意和他交往。

2. 不因得失而放弃原则

有的人，当他有所得时，他就讲究原则，一旦有所失时，他就放弃原则。人，不能以成败来论英雄，也不是以得失来讲人格。因此无论得失，一定要坚持原则，这样的人才能受人尊重。

3. 不因亲疏远近而放弃原则

有的人，因为你和我是至亲好友，我就不跟你坚持原则，一切都很好说话，都很容易过关。假如你和我的关系疏远，没有交情，我就对你百般刁难，不跟你合作。这种人私心太重，不容易有成就，所以真正能成功的人，不会因亲疏而改变原则。

4. 不因地位改变而放弃原则

有的人，身在其位时，这个也讲原则，那个也讲原则；一旦卸任，身份改变了，他便放弃原则，不再坚持原则。其实不在其位，不谋其政，这是自然的道理，但是人生有许多做人做事的原则，不应该因为地位的改变而放弃，这才是做人应该坚持的最大原则。

修身要正，以品德赢长远

中国古代士人特别强调修身。荀子在2000多年前就明确提出："君子博学而日参省乎己，则知明而行无过矣。"后世又有人提出"修身、齐家、治国、平天下"，把修身放到了一个基础地位，先有高尚的品行，然后在事业上才能获得最终的成功。

一个人要成大事，就必须讲求方正，即要做到诚挚待人、光明坦荡、宽人严己、严守信义。只有这样，才能赢得他人的信赖和支持，从而为事业的发展打下良好的基础。

人的品行、德行就是"德"，自古"才"与"德"并重，形容一个人最好的词语就是"德才兼备"。

一个品行不端、德行糟糕的人很难结识到真正的朋友，也很难获得长久的事业成功。这样的人没人愿意与他长期合作，因为这种人很让人担心他是不是搞一锤子买卖，或者过河拆桥。总之，很难赢得他人的信任。

要走向成功，需要讲求方正，以德立身，这是一个成功者必须确立的内在标准。没有这个内在标准，人生之路就会失去支撑，最终导致失败。

以德立身贯穿于每个人人生的全部过程，是一个人做人最根本的原则。在人生的不同阶段，道德对人的要求虽有着不同的变化，每个人的体验和经历的事情也不一样，但是，"以德立身"的人生支柱是不变的，它对每个人的人生大厦起着支撑作用的定律是不变的。

修身本身要求我们做到的，是"严于律己，宽以待人"。

"宽则得众"，假如刘邦没有宽广的胸怀，也许他将一事无成。相反，项羽的本事很大，万人不敌，自称"力拔山兮气盖世"，可说英雄盖世，但他有一谋士范增却不用，气量小，只能"无颜过江东，自刎于乌江"。再如《西游记》里的唐僧，除了会念经外什么征战本领也没有，但他的诚心和宽厚却使三位本领高强的徒儿慑服于他，并完成了去西天取经的大业。

富兰克林是美国资产阶级革命时期民主主义者、著名的科学家，一生受到了人们的爱戴和尊敬。但是，富兰克林早年的性格非常乖戾，无法与人合作，做事经常碰壁。富兰克林在失败中总结经验，为自己制定了13条行为规范，并严格地执行，很快为自己铺就了一条通向成功的道路。

（1）节制：食不过饱，饮不过量，不因为饮酒而误事。

（2）缄默：讲话要利人利己，避免浪费时间的琐碎闲谈。

（3）秩序：把所有的日常用品都整理得井井有条，把每天需要做的事排出时间表，办公桌上永远都不零乱。

（4）决断：决心履行你要做的事，必须准确无误地履行你所下定的决心，无论什么情况都不要改变初衷。

（5）节约：除非是对别人或是对自己有什么特殊的好处，否则不要乱花钱，不要养成浪费的习惯。

（6）勤奋：不要荒废时间，永远做有意义的事情，拒绝去做那些没有多大实际意义的事情，对于自己人生目标的追求永不间断。

（7）真诚：不做虚伪欺诈的事情，做事要以诚挚、正义为出发点。如果要发表见解，必须有根有据。

（8）正义：不做任何伤害或者忽略别人利益的事。

（9）中庸：避免极端的态度，克制对别人的怨恨情绪，尤其要克制冲动。

（10）清洁：不能忍受身体、衣服或住宅的不清洁。

（11）镇静：遇事不要慌乱，不管是琐碎小事还是不可避免的突发事件。

（12）贞洁：要清心寡欲，如果不是有益于身体健康或者是为了传宗接代，尽量少行房事。绝不做任何干扰自己或别人安静生活的事，也不要做任何有损于自己和别人名誉的事情。

（13）谦逊：要向耶稣和苏格拉底学习。学习他们抵得住享乐的诱惑，抵得住金钱的勾引，没有非分之想，也不会为别人的行为而动、为别人的言论而动，这样也就不可能有任何诱惑和利益使你去做你明明知道是邪恶的事情。

荀子说过："人，力不若牛，走不若马，而牛马为用，何也？"人的力气不如牛大，跑起来没有马快，但牛和马却被人役使，为什么呢？"人能群，彼不能群也。"能够合作是荀子认为的根本原因。说得理论一些：人的社会是由人和人之间各种关系的组合，孤立的个人是不可能存在的，也做不成任何事。移山填海，上天入地，创造出许多伟大功绩，只是因为人能以"群"居之，聚集群体的力量完成的。而能够在人群中立足，基础就是以方正修身，做一个有道德的人。

以方立世，坚守品格

在美国有一个广泛流传的故事：

美国加州的"数码影像有限公司"需要招聘一名技术工程师，有一个叫史密斯的年轻人去面试，他在一间空旷的会议室里忐忑不安地等待着。不一会儿，有一个相貌平平、衣着朴素的老者进来了。史密斯站了起来。那位老者盯着史密斯看了半天，眼睛一眨也不眨。正在史密斯不知所措的时候，这位老人一把抓住史密斯的手："我可找到你了，太感谢你了！上次要不是你，我可能就再也看不到我女儿了。"

"对不起，我不明白您的意思。"史密斯一脸迷惑地问道。

"上次，在中央公园里，就是你，就是你把我失足落水的女儿从湖里救上来的！"

老人肯定地说道。史密斯明白了事情的原委，原来他把自己错当成他女儿的救命恩人了："先生，您肯定认错人了！不是我救了您女儿！"

"是你，就是你，不会错的！"老人又一次肯定地回答。

史密斯面对这个感激不已的老人只能做出诚恳的解释："先生，真的不是我！您说的那个公园我至今还没去过呢！"

听了这句话，老人松开了手，失望地望着史密斯："难道我认错人了？"

史密斯安慰老人："先生，别着急，慢慢找，一定可以找到救你女儿的恩人的！"

后来，史密斯接到了录取通知书。有一天，他又遇见了那个老人。史密斯关切地与他打招呼，并询问他："您女儿的恩人找到了吗？""没有，我一直没有找到他！"老人默默地走开了。

史密斯心里很沉重，对旁边的一位司机师傅说起了这件事。不料那司机哈哈大笑："他可怜吗？他是我们公司的总裁，他女儿落水的故事讲了好多遍了，事实上他根本没有女儿！"

"噢？"史密斯大惑不解。那位司机接着说："我们总裁就是通过这件事来选人才的。他说过有德之才才是可塑之才！"

史密斯被录用后，兢兢业业，不久就脱颖而出，成为公司市场开发部总经理，一年为公司赢得高达 3500 万美元的利润。当总裁退休的时候，史密斯继承了总裁位置，成为美国的财富巨人，家喻户晓。后来，他谈到自己的成功经验时说："一辈子做有德之人，绝对会赢得别人永久的信任！"

世间技巧无穷，唯有德者可用其力！

世间变幻莫测，唯有品格可立一生！

这就是作为一个成功人士或有志成为一个成功人士应该具备的道德品质，"道之以德"，"德者得也"。

《左传》中说："太上有立德，其次有立功，其次有立言，传之久远，此之谓不朽。"最上等的，是确立高尚的品德；次一等的，是建功立业；较次一等的，是著书立说。如果这些都能够长久地流传下去，就是不朽了，这就是告诉我们，要以道德来规范自己的行为，只有具备优秀品质的人，才能得到人生的乐趣、生命的精彩。

人品，是人生的桂冠和荣耀。它是一个人最高贵的财产，它构成了人的地位和身份本身，它是一个人在信誉方面的全部财产。一个人的人品比其他任何东西都更显著地影响别人对他的信任和尊敬。

当代著名投资家索罗斯极为重视人品的高下，认为一个人仅仅才华出众是不够的，还要有上等的人品。他喜欢诚实的人，对那些做事自私、不够诚实的人，就算他们十分聪明，也会请他们走人。正如他的朋友沙卡洛夫说："他是我所见过的最诚实的人，他根本不能忍受说谎。"这是对索罗斯的客观评价。他始终认为，许多投机商，包括一些很成功的投机商，并没有很严肃地对待自己的事业，他们只是在投机，一味地投机。

索罗斯说："对那些才气纵横的赚钱高手，如果我不信任他们，觉得这些人的人品不可靠，我就绝不希望他们当我的合伙人。"一次，垃圾债券大王麦克·米尔被起诉后，垃圾债券业务出现真空，索罗斯很想进入这一黄金领域。为此他约谈了好多位曾在米尔手下做过事的人，想寻找一位合伙人。但是，索罗斯发现这些人有某种忽视道德的态度，最后放弃了这些人。他觉得他的团队有这些人参与会让他很不舒服，尽管他们积极进取又聪明能干，也很有投资天分。

索罗斯的团队里曾经有一个人私自在一处债券上投资了100万美元，结果投资赢了利。但索罗斯认为，这个人对自己的行为不负责任，后来解雇了这个人品欠佳的合伙人。他认为，投资作风完全不同的人在他的团队里都可发挥用场，但前提是人品一定要可靠。

索罗斯之所以如此看重合伙人的人品，是因为他认为，金融投资需要冒很大的风险，而不道德的人不愿意承担风险。这样的人不适宜从事负责、进取、高风险的投资事业。

品行不佳，不仅害人，也会使人在世界上丧失很多机会。管理学上有一种"中庸"理论，意思是任何一个想要稳步发展的企业，都要划分出三个档次，首先是德才兼备，其次是德高才中，最后才是德才中等，唯一不可用的是有才无德的人，因为这样的人极其危险。

人生道路，不管你是用人还是为人做事，都要牢记"唯有品格可立"这句箴言，这有助于你走上成功之道。

第二章

圆之法

> 古语有云:"建功立业者,多虚圆之士;偾事失机者,多执拗之人。""圆"是灵活,懂得变通;"圆"是低调,保全自己;"圆"是通融,善于交际……圆融之人总是最受欢迎的,他们做事会有人帮忙,他们会绕开障碍,顺利到达成功的终点。

圆为豁达,与人为善

做人圆融,首先要学会豁达,与人为善。在与人交往的过程中,多一些宽容和忍让,少一些苛责。在与人相处的时候不要用放大镜看人的缺点,如果过分地追求完美,不断指责他人的过错,就会失去朋友和合作伙伴。

历史上,会做事的人多是圆融豁达的人。他们在与人交往的时候,都会眼光高远,胸襟博大。要做到这一点,就必须克己忍让,宽容待人。如果都像《三国演义》中的周瑜那样心胸狭窄,总是生出"既生瑜,何生亮"的想法,又如何能与人合作呢?

在这方面,被人们称为"三国时代风云人物""乱世奸雄"的曹操堪称典范。曹操不仅能够与身边的人很好合作,甚至还能不计前嫌、化敌为友。

公元200年,曹操的死对头袁绍发表了讨伐曹操的檄文。在檄文中，曹操的祖宗三代都被骂得狗血喷头。曹操看了檄文之后问手下人：
"檄文是谁写的？"手下人以为曹操准得大发雷霆，就战战兢兢地说：
"听说檄文出自陈琳之手。"曹操于是连声称赞道："陈琳这小子文章写
得真不赖，骂得痛快。"官渡之战后，陈琳落入曹操之手。陈琳心想：
当初我把曹操的祖宗都骂了，这下子非死不可了。然而，曹操不仅没有
杀陈琳，还委任他做了自己的文书。

曹操还与陈琳开玩笑说："你的文笔的确不错，可是，你在檄文中
骂我本人就可以了，为什么还要骂我的父亲和祖父呢？"后来，深受感
动的陈琳为曹操出了不少好主意，使曹操颇为受益。

曹操与张绣的合作也使后人们钦佩他的宽宏大量。看过《三国演
义》的人都知道，张绣是曹操的死敌，两个人有着深仇大恨。曹操的儿
子和侄子都死于张绣之手。但是，在官渡之战前，为了打败袁绍，曹操
考虑到张绣独特的指挥才能，主动放弃过去的恩恩怨怨，与张绣联合，
并封张绣为扬威大将军。他对张绣说："有小过失，勿记于心。"张绣后
来在官渡之战和讨伐袁谭的战役中十分卖力。

官渡之战结束后，曹操在清理战利品的时候，发现了大批书信，都
是曹营中的人写给袁绍的。有的人在信中吹捧袁绍，有的人表示要投
靠袁绍。曹操的亲信们建议曹操把这些当初对他不忠心的人抓来统统杀
掉。可曹操却说："当时袁绍那么强大，我自己都不能自保，更何况众
人呢？他们的做法是可以理解的。"于是，他下令将这些书信全部烧掉，
不再追究。那些曾经暗通袁绍的人被曹操的宽宏大量感动了，对曹操更
加忠心。一些有识之士听说了这件事，也纷纷来投靠曹操。

人非圣贤，孰能无过？有道德修养的人不在于不犯错误，而在于
有过能改，不再犯错误。《尚书·伊训》中有"与人不求备，检身若不

及"的话，是说我们与人相处的时候，不求全责备，检查约束自己的时候，也许还不如别人。要求别人怎么去做的时候，应该首先问一下自己能否做到。推己及人，严于律己，宽以待人，才能团结别人，共同做好工作。一味地苛求，就什么事情也办不好。

齐国的孟尝君是战国四公子之一，以养士和贤达而闻名。他的门客有时多达三千人，只要有一技之长，就可投其门下。他一视同仁，不分贵贱。他因养士而在一定程度上保全了国家。

有一次，孟尝君的一个门客与孟尝君的妾私通。有人看不下去，就把这件事告诉了孟尝君："作为您手下的门客，却背地里与您的妾私通，这太不够义气了，请您把他杀掉。"孟尝君说："看到相貌漂亮的就喜欢，是人之常情。这事先放在一边，不要说了。"

一年之后，孟尝君召见了那个与他的妾私通的人，对他说："你在我这个地方已经很久了，大官没得到，小官你又不想干。卫国的君王和我是好朋友，我给你准备了车马、皮裘和衣帛，希望你带着这些礼物去卫国，与卫国国君交往吧。"结果，这个人到了卫国并受到了重用。

后来齐卫两国因故断交了，卫君很想联合各诸侯一起进攻齐国。那个曾与孟尝君的妾私通的人对卫君说："孟尝君不知道我是个没有出息的人，竟把我推荐给您。我听说齐、卫国的先王，曾杀马宰羊，进行盟誓说：'齐、卫两国的后代，不要相互攻打，如有相互攻打者，其命运就和牛羊一样。'如今您联合诸侯之兵进攻齐国，这是违背了您先王的盟约。希望您放弃进攻齐国的打算。您如果听从我的劝告就罢了，如果不听我的劝告，像我这样没出息的人，也要用我的热血洒溅您的衣襟。"卫君在他的劝说和威胁下，最终放弃了进攻齐国的打算。齐国人听说了这件事后，说："孟尝君真是善于处事、转祸为福的人啊。"

待人接物，不能对人过于严苛，对别人过于严苛，往往使自己跟别人合不来。社会是由各式各样的人组成的，有讲道理的，也有不讲道理的，有见识多的，也有见识少的，有修养深的，也有修养浅的，我们总不能要求别人讲话办事都符合自己的标准和要求。真正的豁达大度者，当那些见识较少、度量较小、修养较浅的人做了得罪自己的事情时，能够宽容他们，谅解他们，不和他们一般见识。从这个意义上说，那些最豁达、最宽容的人，乃是最善于谅解人、最通达世事人情的人。

圆是韬晦，保全自己

圆融做人的目的是保全自己，从中获取更多的利益，在这一点上，与韬光养晦不谋而合。韬，本意是"弓袋子"，有"进去"之意，韬光是隐藏自己的光芒。晦，是黑暗、隐晦之意，养晦是处在一个相对不显眼的位置。韬光养晦和低调的意思基本相同，这是一种优秀的圆融策略。实现韬光养晦的要旨在于：实施对象没有安全感、怕人谋害，就向他表示最大的忠诚和善意；实施对象怕有人威胁到他的地位，就向他表示自己淡泊名利的态度；实施对象害怕失去权威，就向他表达最大的敬畏与尊崇。当你成功地让实施对象相信你的这种意图时，你就是一个成功地掌握韬光养晦这种艺术的人。

使用韬晦之计而显示人生的圆融智慧的突出例证，是《三国演义》中刘备与曹操在"青梅煮酒论英雄"时的表现。那时刘备在吕布与曹操两大势力争夺中无法保持中立，只好依附曹操，共同消灭吕布。

曹操在许田围猎时故意表露出自己的篡位意图，以试探臣下。当时大臣们敢怒不敢言，只有关羽"提刀拍马便出，要斩曹操"，倒是刘备

"摇手送目"，拦住关羽，还恭维曹操说："丞相神射，世所罕及！"当董承、王子服等人奉汉献帝用血写成的密诏结盟讨伐曹操时，把刘备也拉入这个政治集团之内。刘备签名入盟后，"为防曹操谋害，就到后园种菜，亲自浇灌，以为韬晦之计"。

不想曹操何等精明，他想刘备这样志向远大的英雄突然种起菜来了，必有所图。于是派人将刘备请到丞相府，"盘置青梅，一樽煮酒，二人对坐，开怀畅饮"，席间进行了试探。

当时，曹操几乎明知故问，甚至直言相告："今天下英雄，唯使君与操耳！"刘备所担心的是讨曹联盟之事暴露，听到曹操称自己为"英雄"，以为事情已经暴露，手中匙箸也掉在地上。为避免曹操进一步怀疑自己，只好推说是害怕雷声所致。曹操想这样一个连雷声都害怕的人，根本不是什么"英雄"，于是将戒备的疑心放下。这为后来刘备以讨伐袁术为名领兵出发，"撞破铁笼逃虎豹，顿开金锁走蛟龙"奠定了基础。

刘备暂时的"不为"，是为了长远的"有为"；表面的"不为"，是为了实实在在的"有为"。可见，韬晦之计就是在自己尚无足够的能力达到自己追求的目标时，为防止别人干扰、阻挠、破坏自己的行动计划，故意采取的假象策略，是弱者在逆境中生存的重要手段。

弱者善用韬晦策略，同样，强者也对它极其钟爱。如果说处于弱势的人为了保护自己，有向强势者示弱的必要，强势者又何必韬光养晦呢？这里面也有很多奥妙。一般来说，强势者大权在握，处在比较显眼的位置。他受人关注的程度就必然高，所要应付的事情也必然多。这会让他把许多的精力分散在与人周旋、处理事情上。一个人如果没有安静思考的时间，长期处在显眼的位置进行决策，久而久之，精力、健康、智慧都会受到一定的影响。这就要求处在领导位置的人，要学会避开众人的注目，避开不必要的繁杂事物，回到比较隐蔽的位置。这样的位置有助于人修身养性、恢复精力；有助于人们不断反思、不断调整，拓展自己心灵的空间，强大自己的力量。如此一来，当再一次投入工作中，就会获得足够的智慧和精力去面对。所以，处于强势地位的人也常常会运用"韬光养晦"这种策略，只不过处于强势地位的人和处于弱势地位的人运用韬光养晦的手段和目的不一样。

韬晦之计，铸就了无数的成功者。究其原因，就是因为韬晦之计有明确的目的性与功利性，具有极强的主观意识；韬晦之计又有极强的进取性，虽然在表面上多有退却忍让，却更显示人的韧性与忍辱负重的内在力量；韬晦之计又因其具有极大的隐蔽性而具有极强的实效性，它往往可以取得事半功倍的效果。韬晦之计是精明人假装糊涂的一种策略，而装糊涂也是领导的方法之一。

在一次宴会上，楚庄王命令他所宠爱的美人给群臣和武士们敬酒。傍晚时分，一阵狂风把灯烛吹灭了，大厅里一片漆黑，黑暗中不知是谁用手拽住了美人的衣袖。美人急中生智把那人的冠缨扯断，然后来到楚庄王的身边，向他哭诉了被人调戏的经过，并说那个人的冠缨被扯断，只要点上灯烛就可以查出此人是谁。

楚庄王安慰了美人几句，便向大家高声说道："今天喝酒定要尽兴，谁的冠缨不断，就是没喝足酒。"群臣众将为讨好楚庄王，纷纷扯断冠缨，喝得烂醉如泥。等点灯时，大家的冠缨都断了，就是美人自己想查出调戏她的那个人，也无从下手了。

三年后，楚国与晋国开战，楚军有一位勇士一马当先，总是冲在前头。楚庄王就问他为什么如此拼命。勇士回答说："末将该死，三年前我在宴会上酒醉失礼，大王不但不治我的罪，还为我掩盖过失，我只有奋勇杀敌才能报答大王。"

在这事件中，楚庄王听美人说有人调戏她，而且那个人的冠缨已被扯断，是可以查出谁犯了错的。但楚庄王在这件事上采取"糊涂"的态度，故意让大家扯断冠缨，给犯错的人留下了一条后路。楚庄王的宽容大度得到了应有的报偿。他的这种"糊涂"其实是一种富有远见的"精明"。

由此可见，正确使用韬晦之计，非但能够保全自我，而且还能从中得益。所以说，做人应懂得韬光养晦，隐藏锋芒，低调处世，不张扬、不炫耀。恰当的时候装糊涂，也是领导者团结下属，以宽容之心使部下为目标而奋斗的方法。

圆融变通，削减成功阻力

很多人相信，执着是一种很好的品质，但有的时候并不一定是好事。无论是做人，还是做事，都要学会圆融变通。因为，只有圆融，才能减少成功的阻力，只有变通才会找到方法，才会获得一条捷径。

圆融变通，是去除了自己的棱角，隐藏起自己的个性中不能被人群接纳的部分，是以变化自己为途径，通向成功。哲学家讲："你改变不了过去，但你可以改变现在；你想要改变环境，就必须改变自己。"

种子落在土里长成树苗后最好不要轻易移动，一动就很难成活。而人就不同了，人有脑子，遇到了问题可以灵活地处理，用这个方法不成就换一个方法，总有一个方法是对的。做人做事要学会圆融，不能太死板，要具体问题具体分析，前面已经是悬崖了，难道你还要跳下去吗？

不要被经验束缚了头脑，要冲出习惯性思维的樊篱。执着很重要，但盲目的执着是不可取的。

有这样一则故事：

战国时期，秦国有个人叫孙阳，精通相马，无论什么样的马，他一眼就能分出优劣。他常常被人请去识马、选马，人们都称他为伯乐。

有一天，孙阳外出打猎，一匹拖着盐车的老马突然向他走来，在他面前停下后，冲他叫个不停。孙阳摸了摸马背，断定是匹千里马，只是年龄稍大了点。老马专注地看着孙阳，眼神充满了期待和无奈。孙阳觉得太委屈这匹千里马了，它本是可以奔跑于战场的宝马良驹，现在却因为没有遇到伯乐而默默无闻地拖着盐车，慢慢地消耗着它的锐气和体力，实在是太可惜了！孙阳想到这里，就难过得落下泪来。

这次事件之后孙阳深有感触，他想，这世间到底还有多少千里马被庸人所埋没呢？为了让更多的人学会相马，孙阳把自己多年积累的相马经验和知识写成了一本书，配上各种马的形态图，书名叫《相马经》。目的是使真正的千里马能够被人发现，不被埋没，也为了自己一身的相马技术能够流传后世。

孙阳的儿子看了父亲写的《相马经》，以为相马很容易。他想，有了这本书，还愁找不到好马吗？于是，就拿着这本书到处找好马。他按照书上所画的图形去找，没有找到。又按书中所写的特征去找，最后在野外发现一只癞蛤蟆，与父亲在书中写的千里马的特征非常像，便兴奋地把癞蛤蟆带回家，对父亲说："我找到一匹千里马，只是马蹄短了些。"父亲一看，气不打一处来，没想到儿子竟如此愚蠢，悲伤地感叹道："所谓按图索骥也。"

这就是成语"按图索骥"的由来。这个故事有两层寓意，一是比喻按照某种线索去寻找事物，二是讽刺那些本本主义的人，机械地照老方法办事，不知圆融变通。

记载商鞅思想言论的《商君书》中有一段名言："聪明的人创造法度，而愚昧的人受法度的制裁；贤人改革礼制，而庸人受礼制的约束。"是的，圣人创造"规矩"，开创未来，常人遵从"规矩"，重复历史。为什么孔子是圣人，而他的三千弟子不是？道理就在于思想是否得到解放，是否敢于创新，敢于自主地、实事求是地思考和分析问题。

许多成功人士能常胜不败，其关键就在于用绝了为人处世的圆融之道，进退之时，俯仰之间，都超人一等，让人们暗自佩服，以之为师。

学会圆融，是做人做事之诀窍。尤其是当你身处困境之时，灵活圆融的能力能为你带来成功的机会。

美国当代著名企业家李·艾柯卡在担任克莱斯勒汽车公司总裁时，为了争取到10亿美元的国家贷款来解公司之困，他在正面进攻的同时，采用了迂回包抄的办法。一方面，他向政府提出了一个现实的问题，即如果克莱斯勒公司破产，将有60万左右的人失业，第一年政府就要为这些人支出27亿美元的失业保险金和社会福利开销，政府到底是愿意支出这27亿美元呢，还是愿意借出10亿极有可能收回的贷款？另一方面，对那些可能投反对票的国会议员们，艾柯卡吩咐手下为每个议员开列一份清单，单上列出该议员所在选区所有同克莱斯勒有经济往来的代销商、供应商的名字，并附有一份万一克莱斯勒公司倒闭，将在其选区产生的经济后果的分析报告，以此暗示议员们，若他们投反对票，因克莱斯勒公司倒闭而失业的选民将怨恨他们，由此也将危及他们的议员席位。

这一招果然很灵，一些原先激烈反对向克莱斯勒公司贷款的议员闭了口。最后，国会通过了由政府支持克莱斯勒公司 15 亿美元的提案，比原来要求的多了 5 亿美元。

由此可见，懂得圆融变通的人，总是能够在危难时脱身，给自己消除成功的阻力。圆融的人，懂得变通，能够用更聪明的方法达成自己的目的，所以做起事情来也更加得心应手。

随机应变，化险为夷

"人有失足，马有失蹄。"但有时一时失误会给人带来杀身之祸。只有及时而巧妙地挽回失误，才能处于安全境地。

据说，司马昭与阮籍有一次同上早朝，忽然有侍者前来报告："有人杀死了母亲！"放荡不羁的阮籍不假思索便说："杀父亲也就罢了，怎么能杀母亲呢？"

此言一出，满朝文武大哗，认为他"有悖孝道"。阮籍也意识到自己言语的失误，忙解释说："我的意思是说，禽兽只知其母而不知其父。杀父就如同禽兽一般，杀死母亲呢？就连禽兽也不如了。"

一席话，竟使众人无可辩驳，阮籍也因此避免了杀身之祸。

困境面前，阮籍因为懂得随机应变而躲过了一场劫难。可是，有时候并不是单靠口舌就能将自己从困境中挽救出来的，而是需要用心、动脑，在面对事情的时候保持机敏和灵活，才能让自己免于危难，郭德成就是这样的人。

郭德成是元末明初人，他性格豁达，十分机敏，特别喜爱喝酒。在元末动乱的年代里，他和哥哥郭兴一起随朱元璋转战沙场，立了不少战功。

　　朱元璋做了明朝开国皇帝后，原先的将领纷纷加官晋爵，待遇优厚，成为朝中达官贵人。郭德成仅仅做了戏骑舍人这样一个普通的官员。

　　有一天，朱元璋召见郭德成，说道："德成啊，你的功劳不小，我让你做个大官吧。"郭德成连忙推辞说："感谢皇上对我的厚爱，但是我脑袋瓜不灵，整天不问政事，只知道喝酒，一旦做大官，那不是害了国家又害了自己吗？"

　　朱元璋见他辞官坚决，内心赞叹，于是将大量好酒和钱财赏给郭德成，还经常邀请郭德成到皇家后花园喝酒。

　　一次，郭德成兴冲冲赶到皇家后花园陪侍朱元璋喝酒。眼见花园内景色优美，桌上美酒香味四溢，他忍不住酒性大发，连声说道："好酒，好酒！"随即陪侍朱元璋喝起酒来。

　　杯来盏去，渐渐地，郭德成脸色发红，醉眼，但他依然一杯接一杯喝个不停。眼看时间不早，郭德成已经烂醉如泥，踉踉跄跄地走到朱元璋面前，弯下身子，低头辞谢，结结巴巴地说道："谢谢皇上赏酒！"

　　朱元璋见他醉态十足，衣冠不整，头发纷乱，笑道："看你头发披散，语无伦次，真是个醉鬼疯汉。"郭德成摸了摸自己散乱的头发，脱口而出："皇上，我最恨这乱糟糟的头发，要是剃成光头，那才痛快呢。"

　　朱元璋一听此话，脸涨得通红，心想，这小子怎么敢这样大胆地侮辱自己。他正想发怒，看见郭德成仍然傻乎乎地说着，便沉默下来，转而一想：也许是郭德成酒后失言，不妨冷静观察，以后再整治他不迟。想到这里，朱元璋虽然闷闷不乐，还是高抬贵手，让郭德成回了家。

郭德成酒醉醒来，一想到自己在皇上面前失言，恐惧万分，冷汗直流。原来，朱元璋少时，在皇觉寺做和尚，最忌讳的就是"光""僧"等字眼。郭德成怎么也想不到，今天这样糊涂，这样大胆，竟然戳了皇上的痛处。

郭德成知道朱元璋对这件事不会轻易放过，自己以后难免有杀身之祸。怎么办呢？他深深地思考着：向皇上解释，不行，更会增加皇上的嫉恨；不解释，自己已经铸成大错。难道真的要为这事赔上身家性命不成？郭德成左右为难，苦苦地为保全自身寻找妙计。过了几天，郭德成继续喝酒，狂放不羁，和过去一样，只是进寺庙剃光了头，真的做了和尚，整日身披袈裟，念着佛经。

朱元璋看见郭德成真做了和尚，心中的疑虑、嫉恨全消，还向自己的妃子赞叹说："德成真是个奇男子，原先我以为他讨厌头发是假，想不到真是个醉鬼和尚。"说完，哈哈大笑。后来，朱元璋猜忌有功之臣，原来的许多大将们纷纷被他找借口杀掉了，而郭德成竟保全了性命。这是由于他能够从小的祸事看到以后事态的发展，提前避祸，才不至于招来杀身之祸。

人常言："病从口入，祸从口出。"当说错话时，应想办法及时补救。同样，当行为冒犯了别人，引起对方的疑虑时，要采取巧妙的方式进行处理，这样才能打消他人的疑虑，免去无意间造成的祸患。由此，我们应利用现时的条件努力培养生存的智慧。

在危机的时候学会变通，才能化险为夷，渡过险关。可是，我们身边的很多人并不注意圆融变通的修为，而是顽固地坚守着自己的观点，即使错了，也不知道悔改，即使知道可能因为自己的过失而造成麻烦，也不懂得变通。这样的人，一定会比懂得圆融变通，能够根据时机改变自己的人吃更多的苦头。

直不能达，以曲胜之

在现实生活中，任何事物的发展都不是一条直线。智慧之人能看到直中之曲和曲中之直，并不失时机地把握事物迂回发展的规律，通过迂回应变，达到既定的目标。反之，一个不善于圆融通达的人，"一根筋"只会四处碰壁，被撞得头破血流。

顺治元年，清王朝迁都北京以后，摄政王多尔衮便着手进行武力统一全国的战略部署。当时的军事形势是：农民军李自成部和张献忠部共有兵力 40 余万；刚建立起来的南明弘光政权，汇集江淮以南各镇兵力，也不下 50 万人，并雄踞长江天险；而清军不过 20 万人。如果在辽阔的中原腹地同诸多对手作战，清军兵力明显不足。况且迁都之初，人心不稳，弄不好会造成顾此失彼的局面。

多尔衮审时度势，机智灵活地采取了以迂为直的策略，先怀柔南明政权，集中力量攻击农民军。南明当局果然放松了对清的警惕，不但不再抵抗清兵，反而派使臣携带大量金银财物，到北京与清廷谈判向清求和。这样一来，多尔衮在政治上、军事上都取得了主动地位。顺治元年七月，多尔衮对农民军的战争取得了很大进展，后方亦趋稳固。此时，多尔衮认为最后消灭明朝的时机已经到来，于是，发起了对南明的进攻。当清军因在南方施行高压政策和暴行而受阻时，多尔衮又施行以迂为直之术，派遣明朝降将、汉人大学士洪承畴招抚江南。顺治五年，多尔衮以他的谋略和气魄，基本上完成了清朝的统一大业。

运用以迂为直的策略，十分讲究迂回的手段。特别是在与强劲的对手交锋时，迂回的手段高明、精到与否，往往是能否在较短的时间内由被动转为主动的关键。

生活中很多时候，以硬碰硬往往会造成两败俱伤的结局。此时，如果能灵活一些，讲究一点"曲线"策略，往往就能化解矛盾，握手言和。比如面对他人的不适当言行，如果你针锋相对地进行争执和批驳，对方很难从内心真正接受，还可能惹祸上身，而如果能在表达方式上巧妙一些，效果就好多了。

明代嘉庆年间，"给事官"李乐清正廉洁。有一次他发现科考舞弊，立即写奏章给皇帝，皇帝对此事不予理睬。他又面奏，结果把皇帝惹火了。嘉庆以"故意揭短"罪，传旨在李乐的嘴巴上贴上封条，并规定谁也不准去揭下来。封了嘴巴，不能进食，就等于给他定了死罪。这时，旁边站出一个官员，走到李乐面前，不分青红皂白，大声责骂："君前多言，罪有应得！"一边大骂，一边打了李乐两记耳光，当即把封条打破了。由于他是帮助皇帝责骂李乐，皇帝当然不好怪罪。其实此人是李乐的学生，在这关键时刻，他"曲"意逢迎，巧妙地救下了自己的老师。如果他不顾情势，犯颜"直"谏，非但救不了老师，自己怕也难脱连累。这个方法的使用真是巧妙至极。

中国传统文化是很讲究迂回之术的，不会"迂回之术"，就很容易成为吃亏的角色。深谙此道的人才可能左右逢源。

不过需要强调的是，这种"迂回之术"应该以"方正"为中心，要有好的动机。很多人为了讨好上司不惜曲意奉承，唯唯诺诺，根本不考虑下属和其他人的利益，这种做法是让人鄙视的。而很多流芳百世的清官们，则是为了百姓的利益委婉地与上司"对着干"。

当然，和上司"对着干"要冒一定的风险，因此，一定要注意方式，对于上司不合理的要求，也不可硬顶着来，而是要注意婉转，不卑不亢。

甘罗的爷爷是秦国的宰相。有一天，甘罗看见爷爷在后花园走来走去，不停地唉声叹气。"爷爷，您碰到什么难事了？"甘罗问。

"唉，孩子呀，大王不知听了谁的教唆，硬要吃公鸡下的蛋，命令满朝文武想法去找，要是三天内找不到，大家都得受罚。"

"秦王太不讲理了。"甘罗气呼呼地说。他眼睛一眨，想了个主意，说："不过，爷爷您别急，我有办法，明天我替你上朝好了。"

第二天早上，甘罗真的替爷爷上朝了。他不慌不忙地走进宫殿，向秦王施礼。

秦王很不高兴，说："小娃娃到这里捣什么乱！你爷爷呢？"

甘罗说："大王，我爷爷今天来不了啦。他正在家生孩子呢，我替他上朝来了。"

秦王听了哈哈大笑："你这孩子，怎么胡言乱语！男人家哪能生孩子？"

甘罗说道："既然大王知道男人不能生孩子，那公鸡又怎么能下蛋呢？"

甘罗的爷爷作为秦国的宰相，面对皇帝无理的问题，却又找不到合适的办法拒绝。甘罗作为一个孩童，能如此得体地拒绝秦王，并让秦王不得不放弃自己的无理请求，实在是大出人们的预料。也正因为如此，秦王才有"孺子之智，大于其身"的叹服。甘罗从小聪明过人，12岁便被秦王封为上卿。不能不说，正是甘罗的那次智慧的拒绝，才使秦王越来越看重他的。

当领导提出一件让你难以做到的事时，如果你直言答复做不到时，可能会让领导损失颜面，这时，你不妨说出一件与此类似的事情，让领导明白问题的难度，而自动放弃这个要求。所以，当我们遇到难题，正面难以解决时，不妨采取迂回的策略，以曲求胜，往往会事半功倍。

有圆在胸，人情百通

在人际交往中，我们总是希望别人是完美的，可是毕竟人无完人，每个人身上都可能有这样或者那样的缺点，但是只要我们不苛求，多给予一点包容，那么那些小的缺点和瑕疵，就不会影响你们的关系。

苛求他人，往往受苦的是自己。因为改变他人是一个艰难的过程。人们固然需要对他人的劣根性进行批判，然而，更需要做的是对他人施以诚挚的关爱。

古语云：取象于钱，外圆内方。这不是老于世故，实际上，圆融是为了减少阻力，方正是立世之本，是实质，也是为人处世之道。

有时候，适时地表现善良，的确能让人赢得更高的评价。千万不要忽略圆融的力量，只要运用得当，它不仅能帮助你抬高身价，还能让你获得更多的喝彩。

有一家杂志社的编辑，由于他曾在英国待过一段时间，行事有些洋派，在作风保守的杂志社里显得有些格格不入。偏偏他个性散漫，又常做错事，总编辑早就看他不顺眼，只因他是老板朋友的儿子，所以只好对他睁一只眼，闭一只眼。

有一天，为了一篇稿件，他和总编发生了冲突，众人见战火引燃，纷纷过去围观。他还要强词夺理，总编辑也不再忍耐，指出他稿件中出现的各种毛病，没有人帮他说一句话。后来，他辞职了。

可见，在生活里，不是单凭自己的力量就能撑起一片天的。不懂得圆融的人，往往不会跟别人相处，也就不能收获友情，在自己需要的时候，也不会有人帮助你。所以，只有为人圆融，才能与人和睦相处，并且能让自己结交到朋友，有一个良好的人际关系，使自己在需要的时候能够有人为你伸出援手。

第三章
方与圆的哲学

> 一个人如果过分方正，为人做事不讲究方法，将会到处碰壁，寸步难行。一个人如果过分圆融，八面玲珑，事事都想占便宜，必将众叛亲离，成为孤家寡人。人生的巧妙就在于能方能圆，方圆合一，这样才能在社会生活中进退自如，游刃有余，掌握生活主动权，赢得广阔的生存空间。

过分方正是固执，容易四处碰壁

做人，需要"方正"的态度来指引，可是这里所说的方正，是要注意"度"的限制的。因为如果一个人过分讲求"方正"，做事不讲究方法，也不懂得变通，那么不管做什么事情都不会顺利。

从前，有两个贫苦的樵夫靠上山砍柴糊口。有一天在山里发现两大包棉花，两人喜出望外，棉花价格高过柴薪数倍，将这两包棉花卖掉，足可供家人一个月衣食无忧。当下两人各自背了一包棉花，赶路回家。

走着走着，其中一名樵夫眼尖，看到山路上有一大捆布，走近细看，竟是上等的细麻布，足足有十几匹之多。他欣喜之余，和同伴商量，一同放下背上的棉花，背着麻布回家。他的同伴却有不同的看法，认为自己背着棉花已走了一大段路，到了这里丢下棉花，岂不枉费自己先前的辛苦，坚持不换麻布。先前发现麻布的樵夫屡劝同伴不听，只得自己竭尽所能地背起麻布，继续前进。

又走了一段路，背着麻布的樵夫望见林中闪闪发光，走近一看，地上竟然散落着几袋黄金，心想这下真的发财了，赶忙邀同伴放下肩头的棉花，改用挑柴的扁担挑黄金。

他的同伴仍不愿丢下棉花，还是那"不想枉费辛苦"的论调，并且怀疑那些黄金是不是真的，劝背着麻布的樵夫不要白费力气，免得到头来空欢喜一场。

发现黄金的樵夫只好自己挑了两袋黄金，和背着棉花的伙伴赶路回家。两人走到山下时，突然下了一场大雨，两人被淋得湿透了。更不幸的是，背着棉花的樵夫背上的一大包棉花吸饱了雨水，重得已无法背动。那樵夫不得已，只能丢下一路舍不得放弃的棉花，空着手和挑着金子的同伴回家去。那个背棉花的樵夫固然执着，但他太不会变通了。

做人不要太固执

固执己见似乎让人觉得有个性，但更多时候给人的感觉是顽固不化，以至于没有人缘。

太固执的人总会自以为是，很轻易地得出一个结论后，就认定是最终真理，别人如果有不同看法，就坚决否定。

老王这个人太固执，大家都不喜欢和他接触。

要改变这种坏品性，要试着理解别人，从别人的角度来考虑问题，不轻易妄下结论。

我们形容顽固不化的人时常说他是"一条路跑到黑""头撞南墙不转弯"。这些人有可能一开始方向就是错误的，他们注定成不了什么大事。

在没有胜算把握和科学根据的前提下，应该见好就收，知难而退。走不通的路，就立即收住脚步，检查其原因，调整原来的方向，从而突破桎梏，拓展新的思考空间。可是，生活中就是有这样的人，他们不管一条道路是否能够走通，而只是一味地坚持着最初的目标和承诺，一直不肯回头。这样的人，一定会因为太过于顽固而遭受到现实的打击。

有一位美国青年无意间发现了一张能将清水变成汽油的广告。

这位美国青年喜欢搞研究，满脑子里都是稀奇古怪的想法，他渴望有一天成为举世瞩目的发明家，让全世界的人都享用他的发明成果。

所以，当他看到水变汽油的广告时，马上买来了资料，把自己关在屋子里，不接待任何客人，电话线掐断，手机关机，总之一切与外界的联系都被他切断了。他需要绝对的安静，需要绝对的专心，直到这项伟大的发明成功。

青年夜以继日地研究，达到了废寝忘食的程度。每次吃饭的时候，都是母亲从门缝里把饭塞进来，他不准母亲进来打扰他。他常常是两顿饭合成一顿吃，很多时候都把黑夜当作黎明。善良的母亲看见自己的儿子越来越瘦，终于忍不住了，趁儿子上厕所的时候，溜进他的卧室，看了他的研究资料。母亲还以为儿子的研究有多伟大，原来是研究水如何变成汽油，这根本是不可能的事情。

母亲不想眼睁睁地看着儿子陷入荒唐的泥淖无法自拔，于是劝儿子说："你要做的事情根本不符合自然规律，别再瞎忙了。"可这位青年压根儿就不听，他头一扬，回答说："只要坚持下去，我相信总会成功的。"

5年过去了，10年过去了，20年过去了……转眼间，那位青年已白发苍苍，父母死了，没有工作，他只能靠政府的救济勉强度日。可是他的内心却非常充实，屡败屡战，屡战屡败。一天，多年不见的好友来看他，无意间看到了他的研究计划，惊愕地说："原来是你！几十年前，我因为无聊贴了一张水变汽油的假广告。后来有一个人向我邮购所谓的资料，原来那个人就是你！"

他听完这一番话，当即疯了，最后住进了精神病院。

从上面的故事中，我们可以看出懂得适时放弃的必要性。尽管"方正"的原则告诉我们做事情要懂得坚持，因为只有坚持目标，并为之努力，才有机会实现自己的理想。但是，并不是所有的事情都是值得我们去坚守的。就好像文中的这名青年一样，明知道那是一件违背自然法则的事情，却偏要坚持研究。这个时候，他的坚持就变成了固执，而他的毅力也变得毫无价值。

所以我们说，"方正"的原则是对于我们的一种引导，可是这种引导也是根据具体的事情而变化的。如果事情的开始就弄错了方向，那么我们完全可以放弃，只有这样我们才能在做错的事情中吸取教训，并找到更好的发展道路。而不是因为过于顽固而惨遭生活的戏弄，被现实撞得头破血流。

过分圆融是世故，终究众叛亲离

学会圆融的人，会灵活处世，会懂得变通，是值得人们去欣赏和学习的。可是，如果过于圆融，那就会变得世故了。

老于世故的人，是不诚实的，他们总是防着别人，所以总想用谎言来掩饰自己的本意；老于世故的人，是狡猾的，他们对任何事情都有着高明的手段，所以总是能够牺牲他人的利益而成全自己；老于世故的人，会利用一切可利用的因素，向人们展示他的伪善，而事实上他们总是怀有另一种目的和阴谋。可是，尽管老于世故的人聪明又狡猾，但是狐狸的尾巴总有露出来的一天。他们迟早会被人揭开真面目，不会有任何的好下场。

王莽乃汉元帝皇后王政君之侄。幼年时父亲王曼去世，很快其兄也去世。王莽孝母尊嫂，生活俭朴，饱读诗书，结交贤士，声名远播。

王莽对其身居大司马之位的伯父王凤极为恭顺，因此王凤临死嘱咐王政君照顾王莽。汉成帝时（前22年），王莽初任黄门郎，后升为射声校尉。王莽礼贤下士，清廉俭朴，常把自己的俸禄分给门客和穷人，甚至卖掉马车接济穷人，深受众人爱戴。其叔父王商上书愿把其封地的一部分让给王莽。

永始元年（前16年）封新都侯，骑都尉，光禄大夫侍中。绥和元年（前8年）继他的三位伯、叔之后出任大司马，时年38岁。翌年，汉成帝薨。汉哀帝继位后丁皇后的外戚得势，王莽退位隐居新野。其间他的儿子杀死家奴，王莽逼其儿子自杀，得到世人好评。公元5年，王莽毒死汉平帝，立年仅两岁的孺子婴为皇太子，太皇太后命王莽代天子朝政，称"假皇帝"或"摄皇帝"。从居摄二年（6年）翟义起兵反对王莽开始，不断有人借各种名目对王莽劝进称帝。初始元年（8年）王莽接受孺子婴禅让后称帝，改国号为新，改长安为常安，开中国历史上通过篡位做皇帝的先河。

后来托古改制，进行改革，但由于贵族、豪强破坏，改制没有缓和社会矛盾，反使阶级矛盾激化。又对边境少数民族政权发动战争，赋役繁重，横征暴敛，法令苛细，终于在公元17年爆发了全国性的农民大起义。公元23年，新王朝在赤眉、绿林等农民起义军的打击下崩溃，王莽也在绿林军攻入长安时被杀。

唐代诗人白居易的诗说得最是精彩："周公恐惧流言日，王莽谦恭未篡时。向使当初身便死，一生真伪复谁知？"王莽可以说是古代伪君子的典型，表面满嘴道德，一旦得势却任意妄为。

许多老于世故的人是伪君子，是阴谋家，说着言不由衷的谎话，干出欺世盗名的勾当。他们有着慢条斯理的言辞、文绉绉的腔调，甚至连举止都是温文尔雅的。可是，他做出来给人们看的一面，跟他内心里想的，实在是有天大的差别。

当然，老于世故的人因为手段高明，所以经常玩弄他人于股掌之中，可是，一旦他们的计谋被揭穿了，露出了真正的面目，就会落到众叛亲离的下场，再也不会有人愿意相信他了。

可见，做人不能太圆滑世故，而应该以方正为准则，遵守道德规范。因为只有在这个前提下的圆融，才是真正聪明处世的手段，才是灵活应世的锦囊。

心有仁念方能远离恶行

孔子说："一个人如果立志去施行仁德，那就不会去做坏事。"《论语·雍也》篇中有孔子这样的一段话："人之生也直，罔之生也幸而免。"一个人能够很好地生存是因为他品行正直，而一个人品行不正直却在这个世界上能够生存，这种情况很少，在孔子看来那也是因为他侥幸躲过了灾难。

"仁者无敌"，这其实并不是一句空话。随着市场经济的发展，一些人错误地丢弃了"仁爱、良心"，不择手段地追求金钱利益，这其实是一种既狭隘又短浅的观点。从长远的发展看，立志行仁，内心就会有一种向善的自律力量，它会使一个人产生强烈的使命感和责任感，不但拥有推动生活、事业的力量，而且也能够在整个前进的路上，及时消除内心的焦虑、彷徨，同时令外界无形的干扰、攻击不会对你造成任何影响。

　　无论在古代还是在当前，时代的变化并不能改变事物自身的规律。用心险恶、手段卑劣，虽然有时候能获取蝇头小利和短暂的好处，但毕竟不是正道；只有心怀仁爱，行为光明正大，才是能够成就大事、行之久远的做人做事途径。

　　15世纪，荷兰的几个水手为了寻找一条通往中国和东印度群岛的航线，组织了一次探险航行。探险队起航前，荷兰的商人把一些准备和中国进行贸易交换的商品装上船。水手们肩负着重任，出发探险了。

　　水手们抵达北冰洋后，夏季已结束。探险船被冻结在冰水中，全体船员被迫登陆。他们在登陆的岛上修建了木屋，等待着春天的来临。在饥寒交迫的恶劣环境中，有些水手因饥饿而患病，不幸死去。而其他水手，没有一个人动那批货物，那批货物全是舒适的服装、可口的食物。

　　由于船长期受冰块挤压，造成了船身破损，冰雪融化后，水手们只得站在齐腰深的冰水中修船。在这从死神手中挣扎逃出的时刻，水手们仍带着商人托付的货物。水手们上岸后，首先就是把货物打开来晾干，因为他们想在好的状况下将货带回荷兰。

　　在剩下的日子里，水手们个个忍饥受冻，但是仍没有人去动那些货物。

　　一年多过去了，历尽艰难的探险船终于回到了荷兰。他们早已一无所有，但货物却完好无损。荷兰商人们看到这批货物，都对水手们交口称赞。

这些水手身上所体现的使命感、责任感，这种道德的约束、良心的承诺，就是仁义的力量。他们把仁义看得比生命还重要，在生命受到威胁的时候，他们仍然不以丧失仁义来挽救生命。

曾国藩曾说自己，宁可被看成无才的庸人，也不可被当成有才无德的小人。这反映了他在仁德与才干之间的价值取向。随着社会的不断发展，选拔人才，也是以品质为先的。各行各业，都有自己的职业道德。

一个人的名誉、能力要想得到社会公众长久的认同，必须持续地在每一件事上都为自己的态度负责。在我们的工作中，你种下什么种子，将来必定收获什么样的果实，这就是人们常说的因果定律。

曲到好处方为上

尧舜传位，很值得品评，很多人认为尧的儿子丹朱不肖，尧发明围棋来训练儿子思维的缜密，结果一无所获，于是遂放弃了传位于儿子的念头，将自己的位子传给了舜。后来历史学家认为帝尧真是高明，他传位于舜，是政治上最高尚的道德，同时也是保全自己后代子孙的最好办法。所以人们推测如果当时由丹朱即位做了皇帝的话，也许可能会作威作福，或者变成非常坏、非常残暴的统治者，那么尧的后代子孙，也可能会"死无噍类"了。他把天下传给了舜，反而保全了他的后代，这便是"曲则全"的道理。实际上我们中国人做事历来比较讲究方法。我们再来看一个例子。

公元前686年，公孙无知反叛，杀死齐襄公，自立为君。一个月后，公孙无知被大臣设计刺死。国不可一日无主。于是，齐国的大臣派人迎接流亡鲁国的公子纠回国继位，鲁庄公亲自率兵护送。效忠公子纠的管仲心想：流亡在莒国的公子小白也可能回齐国争位，为了防止公子小白回到齐国，管仲亲自率三十乘兵车去拦截公子小白。在过即墨三十余里的地方，管仲所带的一队人马与公子小白相遇。争斗中，管仲弯弓搭箭，向公子小白射箭，只见小白大叫一声，口吐鲜血，扑倒在车上。此时，管仲才拨转马头，带一行人优哉游哉地护送公子纠回齐国即位。殊不知，当他们到达齐国的边界时，公子小白已抢先一步登上了王位，成了齐国国君齐桓公。管仲和公子纠大为惊愕。原来，管仲的那一箭并没有射中小白，而是射到小白的带钩上，小白趁势咬破舌尖，喷血倒下装死，蒙骗了管仲。然后，公子小白抄近道急奔回国，经谋士鲍叔牙说服了齐国众大臣，登上了王位。

小白这种佯装的办法，竟让他成了万乘之尊。都是因为他在关键时刻做出改变命运的举措。除此之外，把随机应变、机灵办事应用得最活络的要数大太监李莲英了。他深得太后宠信并不是偶然的，也不是没有道理的。

慈禧太后爱看京戏，常以小恩小惠赏赐艺人一点东西。一次，她看完著名演员杨小楼的戏后，把他召到跟前，指着满桌子的糕点说："这一些赐给你，带回去吧！"

杨小楼叩头谢恩，他不想要糕点，便壮着胆子说："叩谢老佛爷，这些尊贵之物，奴才不敢领，请……另外恩赐点……"

"要什么！"慈禧心情高兴，并未发怒。

杨小楼又叩头说："老佛爷洪福齐天，不知可否赐个字给奴才。"

慈禧听了，一时高兴，便让太监捧来笔墨纸砚。慈禧举笔一挥，就写了一个福字。

站在一旁的小王爷，看了慈禧写的字，悄悄地说："福字是'示'字旁、不是'衣'字旁的呢！"杨小楼一看，这字写错了，若拿回去必遭人议论，岂非有欺君之罪？不拿回去也不好，慈禧一怒就会要自己的命。要也不是，不要也不是，他一时急得直冒冷汗。

气氛一下子紧张起来，慈禧太后也觉得挺不好意思，既不想让杨小楼拿去错字，又不好意思再要过来。

旁边的李莲英脑子一动，笑呵呵地说："老佛爷之福，比世上任何人都要多出一'点'呀！"杨小楼一听，脑筋转过弯来，连忙叩首道："老佛爷福多，这万人之上之福，奴才怎么敢领呢！"慈禧正为下不了台而发愁，听这么一说，急忙顺水推舟，笑着说："好吧，隔天再赐你吧！"就这样，李莲英为二人解脱了窘境。

李莲英的机智在于借题应变，幽默化解。这种圆场技术不仅需要智慧，也是与脑子机灵、嘴巴活络分不开的。慈禧常夸"小李子"会办事，看来也非虚言。

人活一世，生存环境不断变迁，各种事情接踵而来，墨守成规、只认死理是无论如何都行不通的。讲究"曲"，并不是要我们奴颜婢膝，而是要我们在处理事情的时候，要变通，要想办法保全自己，要在关键时刻能灵机一动，这是一种本事。过于耿直的人有时候人们不能接受，就是因为他忽略了人性。很多时候，人并不是完全理智的。在古代掌握有生杀大权的帝王，更是如此。因此即使是忠言，但是逆耳，就是让人听得进去，皇帝一冲动，人头落地，实在是不值得。因此在这种情况下，讲究策略就很有必要了。

变通在职场也特别重要，我们生的时代不同，但是道理是一样的。你的上司，或者你的同事，说不定就是你的"皇帝"和你的死敌。很多时候剑拔弩张对大家都不利。不如在做事上讲点技巧，于你于他，都是一件好事。如果你个性耿直不愿意变通，那么多少应该讲点技巧，做个简单的换位思考，你就会发现自己所坚持的，其实完全可以变通一下。

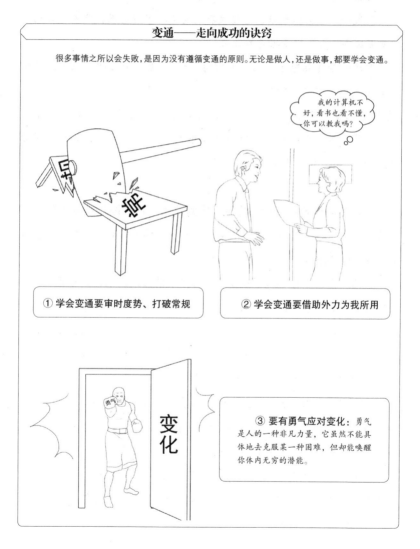

变通——走向成功的诀窍

很多事情之所以会失败，是因为没有遵循变通的原则。无论是做人，还是做事，都要学会变通。

我的计算机不好，看书也看不懂，你可以教我吗？

① 学会变通要审时度势、打破常规

② 学会变通要借助外力为我所用

③ 要有勇气应对变化：勇气是人的一种非凡力量，它虽然不能具体地去克服某一种困难，但却能唤醒你体内无穷的潜能。

正义在可与不可之间

子曰："富而可求也，虽执鞭之士，吾亦为之；如不可求，从吾所好。"从这段话中我们可以看出"可求"和"不可求"两方面的内容。天下的事情有可为，也有不可为的，既有应该做的，也有不应该做的。要是不可求的东西，就认定他不可以做，而不管是否有利可图。原因是富贵只是生活的一种形态，不是人生的最终目的，因此说凡夫俗子还是要从己所好，走自己的路。

孔子所指的"可与不可"的问题实际上是道义的问题，是良知的问题。一个正直的人是不做违反良知和道义的事情的。

在美国南北战争的一场战役中，南方奴隶主率领的军队把萨姆特堡包围了。北方军队的一个陆军上校接到命令，让他保护军用的棉花，他接到命令后对他的长官说："我不会让一袋棉花丢失的。"

没过多久，美国北方一家棉纺厂的代表来拜访他，说："如果您手下留情，睁一只眼闭一只眼，您就将得到5000美元的酬劳。"

上校痛骂了那个人，把厂长和他的随从赶出去，说："你们怎么想出这么卑鄙的想法？前方的战士正在为你们拼命，为你们流血，你们却想拿走他们的生活必需品。赶快给我走开，不然我就要开枪了。"那个厂长见势不妙，灰溜溜地逃走了。

战争为南北两地的交通运输带来了阻碍，许多南方农场主生产的棉花运不到北方，因此，又有一些需要棉花的北方人来拜访他，并且许诺给他1万美元的酬劳。

上校的儿子最近生了重病，已经花掉了家里的大部分积蓄，就在刚才他还收到妻子发来的电报，说家里已经快没钱付医疗费了，请他想想办法。上校知道这1万美元对于他来说就是儿子的生命，有了钱儿子就有救，可他还是像上次一样把贿赂他的人赶走了。因为他已经向上司保证过："不会让一袋棉花丢失。"

又过不久，第三拨人来了，这次给他的酬劳是2万美元。上校这一次没有骂他们，很平静地说："我的儿子正在发烧，烧得耳朵听不见了，我很想收这笔钱。但是我的良心告诉我，我不能收这笔钱，不能为了我的儿子害得十几万士兵在寒冷的冬天没有棉衣穿，没有被子盖。"

那些来贿赂他的人听了，对上校的品格非常敬佩，他们很惭愧地离开了上校的办公室。后来，上校找到他的上司，对上司说："我知道我应该遵守诺言，可是我儿子的病很需要钱，我现在的职位又受到很多诱惑，我怕我有一天把持不住自己，收了别人的钱。所以我请求辞职，请您派一个不急需钱的人来做这项工作。"

他的上司非常赞赏他诚实正直的品性，最终批准了他的辞职申请，并且帮助他筹措了资金来支付医药费。

这个陆军上校，很了不起，能够在那么困难的情况下，坚持道义和良知。这是一般人不能做到的。孔子说的"从吾所好"在他身上完美地体现了出来，从他身上我们看到了正义之光。生活中的人大多时候，都很贪婪，把本不属于自己的东西据为己有。如果按照佛家的教义通俗地解释的话，你可能捡起了一个元宝，却因此而种下了祸根。你丢掉了良知还丢了上帝怜悯你的机会。

在英国的曼彻斯特城，英格兰超级足球联赛第18轮的一场比赛在埃弗顿队与西汉姆联队之间进行。比赛只剩下最后一分钟时，场上的比分仍然是1：1。

这时，埃弗顿队的守门员杰拉德在扑球时膝盖扭伤，剧痛使得他将四肢抱成一团在地上滚动，而足球恰好被传给了潜伏在禁区的西汉姆联队球员迪卡尼奥。

球场上原来的一片沸腾顿时肃静下来，所有的人都在等待。迪卡尼奥离球门只有12米左右，无须任何技术，只要一点点力量，就可以把球从容打进对方球门。那样，西汉姆联队就将以2：1获胜，在积分榜上，他们因此可以增加两分。

埃弗顿队之前已经连败两轮，这个球一进，他们就将遭受苦涩的"三连败"。

在几万现场球迷——如果算上电视机前的观众，应该是数百万人——的注视下，西汉姆联队的迪卡尼奥没有用脚踢球，而是将球抱在了怀中。

掌声，全场雷动的掌声，如潮水般滚动的掌声，把赞美之情献给了放弃射门的迪卡尼奥，或者说，是献给迪卡尼奥体现出来的崇高的体育精神——和平、友谊、健康、正义！

对于这场球赛有的人可能会很不理解，迪卡尼奥怎么会放弃这么好的机会呢？实际上他的举动体现了一种理性的正义。这种崇高的正义正是我们所缺少的。就像处于战争中的人们不杀老人与孩子一样，因为对付一个没有武器的毫无还手之力的人，那是军人的耻辱，是对正义的最大亵渎。

孔子说的"可与不可"实际上是一种普遍的道德观念，该做的做，无论人们怎么阻挠也一往无前；不该做的不做，君子只按照自己的道德标准来衡量这一切。

第四章

方圆合一，无往不胜

> 方圆合一，是指在纷纭变化的社会中能不忘本质；在表现个性的同时兼顾共性；在静态与动态中自然切换；在坚持原则的同时不排除适当的灵活性；在遵守道德规范和礼仪、保持文化修养的同时又能不失自己的本色。在做人做事上只有方圆合一，才能让你无往不胜。

方圆通融才能久立于世

方是指一个人做人做事有自己的主张和原则，不被人所左右。圆是指一个人做人做事讲究技巧，既不超人前也不落人后，或者该前则前，该后则后，能够认清时务，使自己进退自如，游刃有余。方圆之道其实就是一种变通智慧。

一个人如果过分方方正正，棱角分明，必将碰得头破血流；但是一个人如果八面玲珑，圆滑透顶，总是想让别人吃亏，自己占便宜，也必将众叛亲离。因此，做人必须方外有圆，圆内有方，变通行事。

外圆内方之人，有忍的精神，有让的胸怀，有貌似糊涂的智慧，有形如愚的清醒，有脸上挂着笑的哭，有表面上看是错的对，有看似是吃亏的受益，有形如舍的得……

商界有巨富，官场有首脑，世外有高人。他们的成功要诀就是灵活变通，精通了何时何事可方、何时何事可圆的为人处世技巧。

"书圣"王羲之的家族，是东晋有名的望族，他的伯父王敦当时任大将军，掌管东晋的兵马大权。王敦虽已位极人臣，享尽荣华，但他的野心很大。王敦从未放弃过做皇帝的欲望，而他的谋士钱凤，一直在给王敦鼓动打气。二人气味相投，经常在一起商讨篡权之事。

　　一天早晨，王敦起床不久，钱凤就急急地来找他。二人关起门来，谈起了"谋反"的机密。

　　钱凤用极为神秘的口气，对王敦说着一些他刚掌握的动向。二人谈了好一阵子。王敦听了钱凤带来的情报，非常激动，猛地站起身，正要开口说话，突然停了下来。

　　他透过窗子，看到对面房间里垂着的帐子动了一动。这使他想起侄儿王羲之还在床上睡觉。

　　王羲之这年才十一二岁，平时最受王敦器重。王敦把聪明机灵、悟性极高的王羲之看作王家的接班人。他经常把王羲之带在身边，留在自己府中生活。这一次，王羲之已连续几天吃住在王敦家中了。他的卧室恰好紧挨着客厅。当钱凤到来时，因为双方都紧张，王敦便把王羲之在屋里睡觉的事忘得一干二净，直到这时才想起来。王敦大惊失色，对钱凤说："羲之还在这里睡觉。我们刚才说的话，让他听去了可怎么办？"

　　经王敦这么一说，钱凤也急了，他说："大将军，计划泄漏出去，我们死无葬身之地！量小非君子，无毒不丈夫啊！干脆一不做，二不休……"

　　听了钱凤的话，王敦想了又想，到最后终于心一横说："对，不能儿女情长。"转头向着王羲之睡觉的那个房间点点头："羲儿呀，你就莫怪我这做伯伯的无情无义了！"王敦说着，拔出了宝剑，提剑直奔王羲之睡觉的床前。

　　王敦撩起帐子，忽然看见王羲之睡得正香甜。

王敦掀起帐子，王羲之也毫无反应。王敦看着十分钟爱的侄儿，庆幸自己的密谋并没有被侄儿听去，于是，打消了杀掉侄儿的念头。王敦收回宝剑，插入鞘中，走了出去。

其实当钱凤进门时，王羲之就醒了，无意中偷听到了伯父与钱凤的话，很快，王羲之意识到了自己的处境非常危险，幸亏他及时使自己平静下来，神态自若，做出熟睡的样子，一点破绽也没有露出来。王敦才没有下手。

大难临头，不懂得圆融的人就不懂得隐藏自己，更不知道平复自己的情绪，镇静地面对危难。所以，懂得圆融，不仅能与人相处融洽，还能在关键时刻保护自己。

做事情，难免会遇到阻力。不懂圆融的人，总是喜欢斤斤计较、处

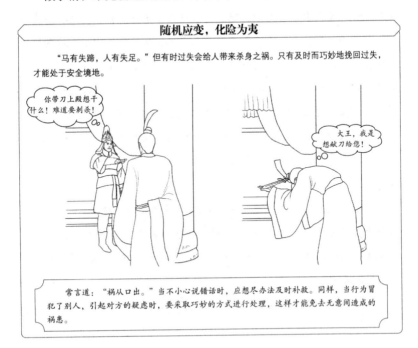

随机应变，化险为夷

"马有失蹄，人有失足。"但有时过失会给人带来杀身之祸。只有及时而巧妙地挽回过失，才能处于安全境地。

你带刀上殿想干什么！难道要刺杀！

大王，我是想献刀给您！

常言道："祸从口出。"当不小心说错话时，应想尽办法及时补救。同样，当行为冒犯了别人，引起对方的疑虑时，要采取巧妙的方式进行处理，这样才能免去无意间造成的祸患。

处与人闹矛盾，即便他本领高强、聪明过人，也往往会使自己壮志难酬，事业无成。

人们活在复杂的社会当中，像舟行于江河，处处有"风浪"，有阻力，而一个人如果时时事事以方处之，以硬碰硬，竭尽全力与阻力相较量、相抵抗，这样做的结果，不仅精力难以承受，而且容易树敌太多。与其如此，何不适当地用些圆的方法，积极地去设法排除一些困难或减少阻力，这样就能使通向成功之路上少几块绊脚石。

为人处世，过于方正可能会树敌过多或显得不近人情而伤了别人；然而，过于婉转又容易被人说成圆滑，不厚道。所以行方圆之道要掌握分寸，这就是变通的精髓。总而言之，无论软硬兼施也好，有方有圆也好，都要记住"无方不成圆"，在坚持方正原则中以圆融处世，做人做事懂得变通，这才是在社会中长久立足的秘诀。

无为而为，最妙的方圆合一

为人处世，效法方圆之道，尽量地贡献出自己的力量，不辞劳苦，不计名利，不居功，秉承天地生生不已、长养万物的精神，只有施出，而没有丝毫占为己有的倾向，更没有要求回报。人们如能效法方圆合一的为人处世之道，这才是最高的道德风范。而计较名利得失，怨天尤人，便是与方圆的精神相违背。所谓"处无为之事"说的就是：一切作为，应如行云流水，义所当为，理所应为，做应当做的事。

三国时曹魏阵营有两个著名谋士，一是杨修，一是荀攸。杨修自恃才高，处处点出曹操的心事，经常搞得曹操下不了台，曹操"虽嘻笑，心甚恶之"，终于借一个惑乱军心的罪名把他杀了，而荀攸则完全是另一种处世风格。荀攸有着超人的智慧和谋略，不仅表现在政治斗争和军事斗争中，也表现在安身立业、处理人际关系等方面。他在朝二十余年，从容自如地处理政治漩涡中上下左右的复杂关系，在极其残酷的人事倾轧中，始终地位稳定，立于不败之地。

在当时的社会政治、经济条件下，曹操虽然以爱才著称，但作为封建统治阶级的铁腕人物，铲除功高盖主和有离心倾向的人，却从不犹豫和手软。那么，荀攸是如何处世安身的呢？曹操有一段话很精辟地反映了荀攸的这一特别谋略："公达外愚内智，外怯内勇，外弱内强，不伐善，无施劳，智可及，愚不可及，虽颜子、宁武不能过也。"可见荀攸平时十分注意周围的环境，对内对外，对敌对己，迥然不同，判若两人。参与谋划军机，他智慧过人，迭出妙策；迎战敌军，他奋勇当先，不屈不挠。但他对曹操，对同僚，却注意不露锋芒、不争高下，把才能、智慧、功劳尽量掩藏起来，表现得总是很谦卑、愚钝。

荀攸大智若愚、随机应变的处世方略，使得在与曹操相处20年中，关系融洽，深受宠信，从未得罪过曹操或使曹操不悦。也从不见有人到曹操处进谗言加害于他。建安十九年，荀攸在从征孙权的途中善终而死。曹操知道后痛哭流涕，对他的品行推崇备至，赞誉他为谦虚的君子和完美的贤人，这都是荀攸无为而为的结果。

荀攸深谙老子"无为"之道，无为而为，反而能够有所作为。这正如许多世间的法则，均是在两个极端之间徘徊。例如：以柔克刚，木虽钝，但削尖成矛，就会变得很锋利。连圣人们也都认同这样的道理。

有时，不必过于追求"有为"和"大用"，中国历史上有许多人，上至帝王将相，下至布衣隐士，似乎本身都无所作为，但却成就了大作为，就是因为他们熟谙了方圆之法，洞悉老庄"无用之才有大用"的处世之道。以圆融虚无的胸怀包容一切功用，一切为我所用，才是真正的大用。

推己及人，方圆合一

推己及人是儒家方圆智慧的一种重要的表现，它是一个很基本的道德原则，也是一种圆融处世的具体体现。孔子曾说过："己所不欲，勿施于人。"基督教的《圣经》中，耶稣也曾两次教导门徒以推己及人之道与别人交往："所以，无论何事，你们愿意人怎样去对待你们，你们也要去怎样对待人，因为这就是律法和先知的道理"。在犹太教的经典《塔木德》中记载了一个故事，说一个非犹太人求名师希拉尔，请求他在这个人单脚独立的短暂时间之内，把全摩西五经教导给他。希拉尔便说："己所憎恶，勿施于人，其余都是注释。"可以看出，同是一个推己及人的原则，却有两种不同的表达方式——正面的和反面的。儒家强调反面的表达："己所不欲，勿施于人。"基督教则强调正面的表达："你们愿意人怎样待你们，你们也要怎样待人。"无论是怎样的表达，都可以看出推己及人作为一种方圆智慧的重要性。推己及人是实现人际关系和睦、融洽的重要之道。要做到推己及人，首先自己要做到"己所不欲，勿施于人"，然后再去进一步做到"己欲立而立人，己欲达而达人"。就是说，一个有仁德的人，自己想要站得住，同时也要去帮助别人站得住，自己想要事事行得通，同时也要帮助别人事事行得通。真正做到己立、立人，己达、达人。有一个"囚徒困境"的故事：

话说有一天，一位富翁在家中被杀，财物被盗。警方后来抓到了两个犯罪嫌疑人，并从他们的住处搜出被害人丢失的财物。但他们都矢口否认自己曾杀过人，辩称自己先发现富翁被杀，然后只是顺手牵羊偷了点儿东西。于是警方将两人隔离审讯。检察官分别对每个人说："你们的偷盗罪已经成立，所以可以判你们 1 年刑期。但是，我可以和你做个交易。如果你单独坦白杀人的罪行，我只判你 3 个月的监禁，但你的同伙需要被判 10 年的刑。如果你拒不坦白，而被同伙检举，那么你就将被判 10 年的刑，他只判 3 个月的监禁。但是，如果你们两人都坦白杀人的罪行，那么，你们都要被判 5 年。"显然最好的策略是双方都抵赖，大家只判 1 年刑就可以了。但是由于两人处于隔离的情况下无法串供，

如何培养推己及人的美德

随着社会的不断进步和发展，人们的交往越来越密切，人际关系也越来越复杂。培养推己及人的美德，对搞好人际关系尤为重要。

你过来坐会儿吧，我都坐了半路了，你再坐半路。上一天班这么累了。

我们要以爱己之心来对待周围的人，要以自己的感受去体会别人的感受，以自己的处境去想象别人的处境，站在对方的立场上，设身处地为别人着想。

这是中药感冒药，给你一盒。

你是不是希望我感冒啊，不需要。

当然，并不是所有的事都要己所欲而施于人，推己及人要有道，毕竟并不是所有有益于己的东西也同样适用于他人，也并不是所有对他人有益的东西，别人都能接受。

这样两人都选择了坦白的策略。因此分别被判刑 5 年。

为何会出现这种困境？其实他们正犯了"己所不欲"，而"施于人"的毛病。他们都从利己的目的出发，宁愿别人陷入灾难的境地而不顾，从而损人不利己。下面的故事就是一个很好的说明：

佛祖释迦牟尼一次宣扬佛法时，在路上遇见一个非常不喜欢他的人，这个人一直跟在他身后不停地诽谤他。释迦牟尼始终保持沉默，就这样过了几天，这个人还是不停地造谣中伤。一天，释迦牟尼终于转过身来，平和地问道："一个人送礼物给另一个人，如果受礼者没有接受，那么，这件礼物属于谁呢？"那个人觉得这个问题很奇怪，但他仍然如实地回答："属于送礼者。"只见释迦牟尼点了点头说道："请带着属于你自己的东西回去吧。"

推己及人，就是用自己的心思去推测别人的心思，设身处地地为别人着想，就是将心比心。

南宋诗人杨万里的妻子在古稀之年，每到天寒时，天不亮就早早起来，然后径直走进厨房，熟练地生火、烧水、煮粥。满满的一大锅粥要熬上很长时间，杨夫人每次都耐心地等着。清甜的粥香顺着热气渐渐充满了厨房，飘到了院子里。院子的另一边，仆人们伴着这熟悉的香气陆陆续续地起床，洗漱完毕后，来到厨房，并接过杨夫人盛起的满满一大碗热粥喝了起来。杨夫人的儿子杨东山看到母亲忙碌的身影，甚是心疼，一次，他劝母亲说："天气这么冷，您又何苦这么操劳呢？"杨夫人语重心长地说："他们虽是仆人，也是各自父母所牵挂的子女。现在天气这么冷，他们还要给我们家里做活。让他们喝些热粥，心中有些热气，这样干起活来才不会伤身体。"

慈悲为怀的人，总是会设身处地地去体会别人的切身感受，为别人着想。

以己变应万变

世界上的任何事情都不会完全按照我们的主观意志去发展变化。我们要获得成功，就要首先去认识事情的性质和特点，然后根据实际情况调整自己的思路和行为方式。只有如此，我们才能在顺应事物变化的同时，驾驭变化。

动物学家们在做青蛙与蜥蜴的比较实验时发现：青蛙在捕食时，四平八稳、目不斜视、呆若木鸡，直到有小虫子自动飞到它的嘴边时，才猛地伸出舌头，粘住飞虫吃下去。之后，它又开始在那目不斜视地等待，看得出来，青蛙是在"等饭吃"。而蜥蜴则完全不同，它们整天奔忙在私人住宅区、老式办公楼、蓄水池边等地方，四处游荡搜寻猎物。一旦发现目标，它们就会狂奔猛追，直到吃到嘴里为止。吃完后，它们在稍做休息，喝口水后，就整装待发，又去"找饭吃"了。

我们不妨将青蛙与蜥蜴的捕食方法当作两种不同的处世风格。青蛙的捕食方法也有可能会吃饱，但它对环境的依赖性过高，不能对随时变化的环境做出迅速的反应，池塘一旦干涸了，青蛙也就消失了；而蜥蜴的方法却很灵活，它们能够快速适应变化了的环境，所以，即使这一片池塘干涸了，蜥蜴仍然能够活跃在另外一个池塘边。

我们生活的社会瞬息万变，别人在变，自己不变，自己就会成为别人的垫脚石；环境在变，自己不变，最后只能惨遭淘汰。

推销员戴尔做了一年半的业务员，看到许多比他后进公司的人都晋升了，而且薪水也比他高许多，他百思不得其解。想想自己来了这么长时间了，客户也没少联系，可就是没有大的订单让他在业务上有所起色。

有一天，戴尔像往常一样下班就打开电视若无其事地看起来，突然有一个名为"如何使生命增值"的专家专题采访栏目引起了他的注意。

心理学专家回答记者说："我们无法控制生命的长度，但我们完全可以把握生命的深度！其实每个人都拥有超出自己想象10倍以上的力量。要使生命增值，唯一的方法就是在职业领域中努力地追求卓越！"

戴尔听完这段话后，决定从此刻做出改变。他立即关掉电视，拿出纸和笔，严格地制订了半年内的工作计划，并落实到每一天的工作中……为公司赚取了2500万美元的利润，年底他当上了公司的销售总监。

如今戴尔已拥有了自己的公司。他每次培训员工时，都不忘说："我相信你们会一天比一天更优秀，只要你决心做出改变！"于是员工信心倍增，公司的利润也飞速增长。

"我们这一代最伟大的发现是，人类可以由改变自己而改变命运。"戴尔用自己的行动印证了这句话，那就是：有些时候，面对一些棘手的问题，应该迫切改变的或许不是环境，而是我们自己。换句话说就是：有些时候，我们不是找不到方法去解决问题，而是在问题面前，我们没有真正地做出努力。相信在完善自己的同时，我们也就找到了解决问题的方法。

环境的变化，虽然对一个人的命运有直接影响，但是，任何一个环境，都有可供发展的机会，紧紧抓住这些机会，好好利用这些机会，不断随环境的变化调整自己的观念，就有可能在社会竞争的舞台上开辟出一片新天地，站稳脚跟。所以，每个人在经营的过程中，必须有中途应变的准备，这是市场环境下的生存之本，也是强者的生存之本。

问题面前最需要改变的是我们自己，面对环境的发展变化，我们要及时改变自己的观点和思路，及时改变自己的生存方式，只有这样，才有可能最终走向成功。

1930年日本初秋的一天清晨，一个只有1.45米的矮个子青年从公园的长凳上爬了起来，徒步去上班，他因为拖欠房租已经在公园的长凳上睡了两个多月了。他是一家保险公司的推销员，虽然工作勤奋，但收入少得甚至租不起房子，每天还要看尽人们的脸色。

一天，年轻人来到一家寺庙向住持介绍投保的好处。老和尚很有耐心地听他把话讲完，然后平静地说："听完你的介绍之后，丝毫引不起我投保的意愿。人与人之间，像这样相对而坐的时候，一定要具备一种强烈吸引对方的魅力，如果你做不到这一点，将来就不会有什么前途可言。"

从寺庙里出来，年轻人一路思索着老和尚的话，若有所悟。接下来，他组织了专门针对自己的"批评会"，请同事或客户吃饭，目的是请他们指出自己的缺点。

"你的个性太急躁了，常常沉不住气。""你有些自以为是，往往听不进别人的意见。""你面对的是形形色色的人，必须要有丰富的知识，所以必须加强进修，以便能很快与客户找到共同的话题，拉近彼此之间的距离。"

年轻人把这些可贵的逆耳忠言一一记录下来。每一次"批评会"后，他都有被剥了一层皮的感觉。通过一次次的"批评会"，他把自己身上那一层又一层的劣根性一点点剥落。与此同时，他总结出了含义不同的 39 种笑容，并一一列出各种笑容要表达的心情与意义，然后再对着镜子反复练习。

年轻人开始像一条成长的蚕，随着时光的流逝悄悄地蜕变着。到了 1939 年，他的销售业绩荣膺全日本之最，并从 1948 年起，连续 15 年保持全日本销售量第一的好成绩。1968 年，他成了美国百万圆桌会议的终身会员。

这个人就是被日本国民誉为"练出价值百万美金笑容的小个子"、美国著名作家奥格·曼狄诺称之为"世界上最伟大的推销员"的推销大师原一平。

改变自己，然后才能改变命运。有时候，迫切应该改变的或许不是环境，而是我们自己。不学会去变，或者没有能力去变，终将被社会淘汰。所以，做一切事、解决一切问题，我们都必须随着客观事情的变化而不断调整自己，这样才能为自己提供更多的生存机会。

第二篇

为人之道

第一章

讲求方正，乃为人之本

"方正做人，圆满做事"，这是一个成功者的人生轨迹，一个人要想获得成功，首先要学会方正做人。方正做人可以让你在面对诱惑时，保持清醒，方正做人可以让你在面对失意时，保持平静，方正做人可以让你在面对欲望时，保持刚强，所以学会方正做人吧，只有这样，你才能在人生旅途中无往而不胜。

恪守信誉，方能立足

现实生活中，许多人把说谎、欺骗视为获取成功的一种手段，相信说谎、欺骗会给自己带来好处。

一个言行诚实的人，因为自觉有正义公理为之后盾，所以能够坦荡做人，无所畏惧地面对世界。

与一个欺骗他人的人相比，一个诚实而有信用的人其力量要大得多。所以即使从利害上打算，诚实也是一种最好的策略。

中国人历来把守信作为为人处世、齐家治国的基本品质，"言必行，行必果"。自古以来，讲信用的人受到人们的赞扬和推崇，不讲信用的人则受到人们的斥责和唾骂。在人与人的交往中，信用、信义非常重要。墨子说："志不强者智不达，言不信者行不果。"还有"一诺千金""一言既出，驷马难追"等都是强调一个"信"字。

生活里，才华出众的人并不少见，甚至时常有天才出现。但是，才华和智慧就是让人拥有信赖的资本么？真正值得信赖的是人品格中的忠诚和诚实。这种品质会赢得人们的尊重，忠诚是一个人美德中的基础，它会通过人的行动体现出来，即正直、诚实的行为。如果人们把他看作一个可信的人，他一定做到了诚信，言必行，行必果。因此，值得信赖是赢得人类尊重和信任的前提。

曾子的妻子到市场上去，他的儿子哭闹着要跟着去。曾子的妻子说："你先回去，等回来时，宰只小猪给你吃。"妻子从集市上回来后，曾子要捉只小猪，宰了给儿子吃，妻子阻止他说："这不过是和孩儿说着玩的。"曾子说："小孩子不可以和他说着玩，他们不懂事，全靠学父母的样子，听父母的言语，现在你欺骗他，不是教他欺骗吗？母亲欺骗儿子，儿子不相信母亲，这不是教养之道。"于是宰了小猪给孩子吃。

又如东汉时，汝南郡的张劭和山阳郡的范式同在京城洛阳读书，学业结束，他们分别的时候，张劭站在路口，望着长空的大雁说："今日一别，不知何年才能见面……"说着，流下泪来。范式拉着张劭的手，劝解道："兄弟，不要伤悲。两年后的秋天，我一定去你家拜望老人，同你聚会。"

两年后的秋天，张劭突然听见长空一声雁叫，牵动了情思，不由自言自语地说："他快来了。"说完赶紧回到屋里，对母亲说："妈妈，刚才我听见长空雁叫，范式快来了，我们准备准备吧！""傻孩子，山阳郡离这里一千多里，范式怎么来呢？"他妈妈不相信，摇头叹息："一千多里路啊！"张劭说："范式为人正直、诚恳、极守信用，不会不来。"老妈妈只好说："好好，他会来，我去打点酒。"

约定的日期到了，范式果然风尘仆仆地赶来了。旧友重逢，亲密异常。老妈妈激动地站在一旁直抹眼泪，感叹地说："天下真有这么讲信用的朋友！"范式重信守诺的故事一直被后人传为佳话。

古希腊哲学家苏格拉底曾与人辩驳过关于诚信的话题。

这一天，苏格拉底像平常一样，来到雅典的市场。他拉住一个过路人说道："对不起！我有一个问题弄不明白，向您请教。人人都说要做一个有道德的人，但道德究竟是什么？"

那人回答说："忠诚老实，不欺骗别人，才是有道德的。"

苏格拉底又问："但为什么和敌人作战时，我军将领却千方百计地

诚信意识不容淡薄

诚信，自古以来就是中国乃至整个人类所公认的一种美德。说到诚信，也许每个人都会说，诚信很容易，但是要一直坚持诚信，需要人们时刻将其记在心中，时时提醒自己。

人无信不可立于世，对待朋友、亲人要有诚信，哪怕只有自己知道的事情也要做到慎独，讲究诚信。

怎么多给钱了啊？我还是再还给银行吧。

我们要对得起消费者的信任，有一点问题也不能卖。

在企业中，诚信尤其重要，是培养顾客信任的重中之重，如果出现信誉问题，企业将寸步难行。

其实别人并不知道这些牛奶的问题，我们没有必要全部销毁。

诚信，是为人之本。不诚信也许可以欺骗一时，但长期下去，总有一天会真相大白，而且从此就会失去人们的信任，实在有点得不偿失。所以，我们要时刻保持诚信意识，诚信做人，诚信做事。

去欺骗敌人呢?"

"欺骗敌人是符合道德的,但欺骗自己人就不道德了。"

苏格拉底反驳道:"当我军被敌军包围时,为了鼓舞士气,将领就欺骗士兵说,我们的援军已经到了,大家奋力突围出去。结果突围果然成功了。这种欺骗也不道德吗?"

那人说:"那是战争中出于无奈才这样做的,日常生活中这样做是不道德的。"

苏格拉底又追问:"假如你的儿子生病了,嫌苦又不肯吃药,作为父亲,你欺骗他说,这不是药,而是一种很好吃的东西,这也不道德吗?"

那人只好承认:"这种欺骗也是符合道德的。"

苏格拉底又问道:"不骗人是道德的,骗人也可以说是道德的。那就是说,道德不能用骗不骗人来说明。究竟用什么来说明它呢?还是请您告诉我吧!"

那人想了想,说:"不知道道德就不能做到道德,知道了道德才能做到道德。"

苏格拉底拉着那个人的手说:"您真是一个伟大的哲学家!您告诉了我关于道德的知识,使我弄明白一个长期困惑不解的问题,我衷心地感谢您!"

戴尔·卡耐基曾经说过:"任何人的信用,如果要把它断送了都不需要多长时间。就算你是一个极谨慎的人,仅需偶尔忽略,偶尔因循,那么好的名誉,便可立刻毁损。所以养成小心谨慎的习惯,实在重要极了。"

信誉许诺是非常严肃的事情,对不应办的事情或办不到的事,千万不能轻率应允。一旦许诺，就要千方百计去兑现。否则，就会像老子所说的那样："轻诺必寡信，多易必多难。"一个人如果经常失信于人，一方面会破坏他本人的形象，另一方面还将影响他本人的事业。

明代《郁离子》一书中有如下一则故事：济阳某商人过河船沉，他拼命呼救，渔人划船相救。商人许诺："你若救我，我付你100两金子。"渔人把商人救到岸上。商人只给了渔人80两金子，渔人斥责商人言而无信，商人反击渔人贪婪。渔人无言走了。后来，这商人又乘船遇险，再次遇上渔人。渔人对旁人说："他就是那个言而无信的人。"众渔人停船不救，商人最终淹死河中。这就是言而无信的后果。

古人崇尚仁、义、礼、智、信。信是立人之本。凡事应该以信誉为基础，只有具备了信誉这一良好的资本，你才能被人信赖，才能在办事时游刃有余，有更大的发挥空间。

当然诚信是有原则的。诚信要建立在与人为善的基础上。我们在做到诚信的同时，还要警惕，不要让自己的诚信被别人所利用，使自己受到伤害。

做回真正自由的自己

忠于你自己，做真正自由的自己，或者说保持本来面貌，其意义并不仅仅是说不要模仿他人。而是指应该完全忠实于自己内心中的"我"——你心目中认为对的那部分。

曾经有这样一个故事：

有一个人带了一些鸡蛋在市场上贩卖，他在一张纸上写道："新鲜鸡蛋在此销售"。

有一个人过来对他说："老兄，何必加'新鲜'两个字，难道你卖的鸡蛋不新鲜吗？"他想一想有道理，就把"新鲜"两字涂掉了。

不久，又有一个人对他说："为什么要加'在此'呢？你不在这里卖，还会去哪儿卖？"他也觉得有道理，又把"在此"涂掉了。

一会儿，一个老太太过来对他说："'销售'两个字是多余的，不是卖的，难道会是送的吗？"他又把"销售"擦掉了。

这时来了一个人，对他说："你真是多此一举，大家一看就知道是鸡蛋，何必写上'鸡蛋'两个字呢？"

结果所有的字全都涂掉了，他所卖的鸡蛋也不如以前的多了。

英国戏剧家莎士比亚说："当忠于你自己！"忠于自己，人生才能获得真正的自由。

好莱坞一位名制片人戈德温，他并没有在哈佛或牛津等名牌大学读过书，他所受的正规教育，只是白天在工厂做工，晚上进夜校所念到的一点书。虽然他自己并不是一个研究莎士比亚的学者，可是他常常觉得"当忠于你自己"这句话，可能是趋向成功的指路牌。

他在好莱坞待了许多年。见过许多想尝试目前大家喜欢的电影风格的男女明星，想抄袭他人风格的导演，想模仿那些成名剧作家的编剧，以及许多想放弃自己的风格而学人家的人们，他最终给他们的最基本忠告是："尽量表现你自己！"

从心理学角度来说，人的内趋力在心理层面主要是认知力、情感力和意志力。人在这种内趋力和活动中相应产生三种心理需要，即认知需要、情感需要和道德需要。知、意、情是和人外在追求的三种理想境界真、善、美一一对应的，所以人的认知需要、道德需要和情感需要主要表现为人对真、善、美的追求。人生可以平凡地度过，也可以不平凡地走过，每个人都不一样，每个人的标准也不一样，你的成功在人家的眼里也许就是一文不值，感觉自己成功了就对了。

其实，只有做好自己就够了，刻意模仿别人，往往适得其反。

大家都知道东施效颦的故事。古时候，越国有两个女子，一个长得很美，名字叫西施，一个长得很丑，名字叫东施。东施很羡慕西施的美丽，就时时模仿西施的一举一动。有一天，西施犯了心口疼的病，走在大街上，用手捂住胸口，双眉紧皱。东施一见，以为西施这样就是美，于是也学着她的样子在大街上走来走去，可是街上行人见了她的这个样子，吓得东躲西藏，不敢去看她。其实东施的出发点是好的，她是想学好，想变美，但她忘却了什么是美，什么是丑。但她不明白什么是表面美，什么是内在美，如何发掘自身优势展示自身美，做真正的自己。

无独有偶，《庄子·秋水》中也有类似的一个故事。

燕国寿陵有一位少年，他不愁吃不愁穿，论长相也算得上一表人才，可他就是缺乏自信心，经常无缘无故地感到事事不如人，低人一等——衣服是人家的好，饭菜是人家的香，站相坐相也是人家高雅。他见什么学什么，学一样丢一样，虽然花样翻新，却始终不能做好一件事，不知道自己该是什么模样。家里的人劝他改一改这个毛病，他以为是家里人管得太多。亲戚、邻居们，说他是狗熊掰棒子，他也根本听不进去。日久天长，他竟怀疑自己该不该这样走路，越看越觉得自己走路的姿势太笨，太丑了。有一天，他在路上碰到几个人说说笑笑，只听得有人说邯郸人走路姿势美。他一听，对上了心病，急忙走上前去，想打听个明白。不料想，那几个人看见他，一阵大笑之后扬长而去。邯郸人走路的姿势究竟怎样美呢？他怎么也想象不出来，这成了他的心病。终于有一天，他瞒着家人，跑到遥远的邯郸学走路去了。一到邯郸，他感到处处新鲜，简直令人眼花缭乱。看到小孩走路，他觉得活泼、美，学！看见老人走路，他觉得稳重，学！看到妇女走路，摇摆多姿，学！就这样，不过半月光景，他连走路也不会了，路费也花光了，只好爬着回去了。

成语"邯郸学步"即由此而来，比喻生搬硬套，机械地模仿别人，不但学不到别人的长处，反而会把自己的优点和本领也丢掉。

其实，大多时候我们只要做自己就好，让自己的心自由，让自己的人生在快乐中度过。

慎独自省

"慎独"二字，顾名思义，"慎"其"独"者也。《礼记·中庸》上说："莫见乎隐，莫显乎微，故君子慎其独者也。"《礼记·大学》中说："小人闲居，为不善，无所不至。"也是说的在独处独居的时候要能够"独行不愧影，独寝不愧衾"。曾子"吾日三省吾身"同样具有"慎其独"的含义。

所谓"慎独"，汉代经学大师郑玄的解释是："慎独者，慎其闭居之所为。"也就是在一个人的时候，仍然按照道德原则行事，不做任何有损道德品质的事。

古希腊哲学家德谟克利特也说："要留心，即使当你独自一人时，也不要说坏话或做坏事，而要学得在你自己面前比在别人面前更知耻。"

金无足赤，人无完人。人活在世上，谁都难免有这样或那样的缺点和错误，谁都难免有丑陋的一面。罗曼·罗兰说："在你要战胜外来的敌人之前，先得战胜你自己内在的敌人；你不必害怕沉沦与堕落，只请

时时反省，不断完善

正直的人不会将错误掩盖，也绝不会打肿脸充胖子，他们会时时地反省，不断自我完善。

哈哈，最近伙食太丰盛！

打肿脸充胖子

当时我那样做实在是不应该。

反省是对自己以往心理活动的回忆。它是把当局者变成一个旁观者，自己把自己变成一个审视的对象，站在另外一个人的立场、角度来观察自己，评判自己。

反省所带来的不只是智慧，更是夜以继日的进取态度和前所未有的干劲。当你克服了你的主要缺陷，你就会成为一个更强大的人。

你能不断地自拔与更新。"

每一种才能都有与之相对应的缺陷，如果不克服这种缺陷，这种才能就不能得到很好的发挥。一般来说，克服这种缺陷有很多方法，最重要的就是多加小心。应该看准究竟是什么样的缺陷，死死地盯住，就像你的对手寻找你的毛病那样。要充分发挥自己的才能，就必须学会"三省吾身"，克服自己主要的缺陷。主要的缺陷被克服了，其他的不足就会很快被克服。

卢梭在少年时曾经将自己极不光彩的盗窃行为转嫁在一个女仆的身上，致使这位无辜的少女蒙冤受屈，成功后卢梭为这件事陷入痛苦的回忆中。他说："在我苦恼得睡不着的时候，便看到这个可怜的姑娘前来谴责我的罪行，好像这个罪行是昨天才犯的。"

卢梭在他的著作《忏悔录》中对自己做了严肃而深刻的批判。他敢把这件丑事公之于世，显示了他彻底反省的坦荡胸怀和不同凡响的伟大人格。

伊索寓言里有这样一则故事：

一个哲学家在海边看见一艘船遇难，船上的人全部淹死了。他便抱怨上帝不公，为了一个罪恶的人偶尔乘这艘船，竟让全船无辜的人都死去。正当他沉思时，他觉得自己被一大群蚂蚁围住了。原来哲学家站在蚂蚁窝边上了。有一只蚂蚁爬到他脚上，咬了他一口。他立刻用脚将这些蚂蚁全踩死了。

这时，赫耳墨斯出来了，他用棍子敲打着哲学家的头说："你自己也和上帝一样，如此对待众多可怜的蚂蚁。你又怎么能做判断天道的人呢？"

有的时候看不见的，并不代表不存在。

君子的高贵品质往往在于其严于律己，尤其是在独处的时候。《咸宁县志》记载了"不畏人知畏己知"的故事。

清雍正年间，有个叫叶存仁的人，先后在淮阳、浙江、安徽、河南等地做官，历时 30 余载，毫不苟取。一次，在他离任时，僚属们派船送行，然而船只迟迟不启程，直到明月高挂才见划来一叶小舟。原来是僚属为他送来临别馈赠，为避人耳目，特地深夜送来。他们以为叶存仁平时不收受礼物，是怕别人知晓出麻烦，而此刻夜深人静，四周无人，肯定会收下。叶存仁看到这番情景，便叫随从备好文房四宝，即兴书诗一首，诗云：

月白清风夜半时，

扁舟相送故迟迟。

感君情重还君赠，

不畏人知畏己知。

接着，将礼物如数奉还了。

孔子说："躬身厚而薄责于人，则远怨矣。"意思是多责备自己，少责备别人，怨恨就不会来了。

《三国演义》中有这样一个情节，庞统辅佐刘备进军西川时出现了一段小插曲——刘备设宴劳军，酒酣之际，刘、庞言语不和，刘备发怒，责问并驱赶庞统："汝言何不合道理？可速退！"夜半酒醒，刘备想起自己所说的话，大悔，次早穿衣进入中军帐，向庞统谢罪曰："昨日酒醉，言语触犯，幸勿挂怀。"庞统谈笑自若。玄德曰："昨日之言，惟吾有失。"庞统曰："君臣俱失，何独主公。"玄德亦大笑，其乐如初。

本来，酒醉失言，虽然不好，但也算不得什么大错。刘备事后却一再自责，这是他自省的结果。

正直的人不会将错误掩盖，也绝不会打肿脸充胖子，他们会时时地反省，不断自我完善。

反省是一种心理活动的反刍与回馈。它是把当局者变成一个旁观者，把自己变成一个审视的对象，站在另外一个人的立场、角度来观察自己，评判自己。

《中庸·天命章》里有一段话，大意为：在幽暗的地方，大家不曾见到隐藏着的事端，我的心里已显著地体察到了。当细微的事情，大家不曾察觉的时候，我的心中已显现出来了。所以君子独处的时候更加要谨慎小心，不使不正当的欲望暗暗滋长。

一个人是否具有反省能力对其为人很重要。反省可以改变一个人的命运和机缘。它在任何人身上，都会发生大效用。因为反省所带来的不只是智慧，更是夜以继日的进取态度和前所未有的干劲。当你克服了你的主要缺陷，你就会成为一个更强大的人。

孔子说："见贤思齐焉，见不贤而自省也。"意思是遇到品德高尚的人便要向他看齐；看见品德较差的人，便要自省有没有同他类似的行为。孔子的学生曾子说："吾日三省吾身——为人谋而不忠乎？与朋友交而不信乎？传不习乎？"就是说：我每天多次反省自己这一天做过的事，是否尽心竭力了？同朋友交往，是否诚实了？教师教授的知识是否复习了？朱熹说："日省其身，有则改之，无则加勉。"

在社会生活中，人与人之间免不了发生矛盾或产生隔阂。如果与邻居、同事或朋友闹了别扭，只去想对方的短处，会越想越觉得自己有理，越想越觉得委屈，因而越想越生气，关系必然会越弄越僵。如果能及时"三省吾身"，找一下自己的不足之处，就不难获得解决问题的办法。

一个人有缺点和过失是难免的，只要改正，就会进步。但是，往往有这样的情况：自己对别人的缺点，哪怕很小，也看得很清楚；而对自己的毛病却不易看到，甚至有时把自己的短处误认为是自己的长处。一个人的缺点和过失，不仅有害于自己，也会影响到他人。发现自己的缺点和过失，除了虚心听取别人的忠告、接受别人的批评外，还要三省吾身，也就是经常自省，这是行之有效的好办法。

谦逊的人最高贵

泰戈尔说："当我们大为谦卑的时候，便是我们近于伟大的时候。"做人要保持谦逊，不能自作聪明，不要总以为自己比别人多一点智慧，巴甫洛夫说："绝不要骄傲。因为一骄傲，你们就会在应该同意的场合固执起来；因为一骄傲，你们就会拒绝别人的忠告和朋友的帮助；因为一骄傲，你们就会丧失客观方面的准绳。"

谦虚是一种美德，是一种实事求是的科学态度，心胸宽大，虚怀若谷的人，才能谦虚谨慎。

在第二次世界大战中，丘吉尔因为有卓越功勋，战后在他退位时，英国国会打算通过提案，塑造一尊他的铜像放在公园里供人们景仰。

丘吉尔却拒绝了。他说："多谢大家的好意，我怕鸟儿在我的铜像上拉粪，那是多么煞风景啊，所以我看还是免了吧！"

托马斯·杰斐逊是美国第 3 任总统。1785 年他曾担任美国驻法大使。一天，他去法国外长的公寓拜访。

"您代替了富兰克林先生？"法国外长问。

"是接替他，没有人能够代替得了富兰克林先生。"杰斐逊谦逊地回答。

　　杰斐逊的谦逊给法国外长留下了深刻印象。

真正有大作为的人从不自满。进化论的创始人达尔文是一个十分谦虚的科学家。达尔文与别人谈话时，总是耐心听别人说话，无论对年长的或年轻的科学家，他都表现得很谦虚，就好像别人都是他的教师，而他是个好学的学生。1877 年，当他收到德国和荷兰一些科学家送给他的生日贺词时，他在感谢信中写了一段感人肺腑的话："我很清楚，要是没有为数众多的可敬的观察家们辛勤搜集到的丰富材料，我的著作根本不可能完成，即使写成了也不会在人们心中留下任何印象，所以我认为荣誉主要应归于他们。"

东汉颍州父城（现河南叶县东北）人冯异，字公孙，熟读《左传》《孙子兵法》，文武双全。最初在王莽手下做小官，后见王莽为害人民，被人民所怨恨，了解到起义军领袖刘秀有治国安家的才干，便对苗萌说："现在起义诸将，虽皆英雄，但多独断，不爱人民。只有刘将军不抢掠人民，举止言谈，温和有远见，不是庸人，可以追随。"于是苗萌和冯异投靠了刘秀，又吸引了勇将姚期等人来，刘秀势力大振。他向刘秀建议说："天下人都反对王莽苛政，刘玄部又纪律太坏，失信于民。此时人民疾苦，若稍施恩德，百姓必热烈拥护。"刘秀听了他的话，派冯异、姚期到邯郸安民，果然得到广大人民支持。王郎领兵追赶刘秀，刘秀及部下退到饶阳天蒌亭（河北饶阳东北），正遇天气寒冷，士兵都饥饿疲劳，冯异送来豆粥，解除了困难。在南宫（河北南宫）又遇大风雨，刘秀躲到路旁空屋，冯异抱来柴，邓禹烧火，刘秀方能烤干衣服，冯异又送来饭、菜，终于使得刘秀安全移兵到信都（河北邢台）。刘秀使冯异收集散兵，重整队伍，大破王郎。

冯异对东汉统一建国之功，是巨大的，但他从不居功。对人也特别谦让，每当同其他大将的车仗在路上相遇，他必告诉车夫退避让道，让别人先过。他领部队交战时，在各营之前；退兵时，在各营之后。当休战时，诸将坐在一起，都宣扬自己的功劳，以便争功多得升赏。当诸将争功时，冯异则躲于大树下，一言不发，似为乘凉休息，实为躲避让功，后来军中称他为"大树将军"。不仅刘秀对他格外器重，他的军队，亦多愿在他麾下效力。

做人要谦虚，不可自大。有些人总是看不起在某些方面不如自己的人。其实每个人都有其长处和短处，而恰恰在此时有人只看到他的短处，看不到他的长处。谦虚是尊重他人的一种表现，只有谦虚的人才能发现别人的优点，知道自己的不足。老子说："江海能成百谷王者，以其善下之。"

社会上真正成功的人，往往懂得谦虚待人，他们真正理解世事艰难、行为处事的重要。凡唯我独尊、目空一切、夸夸其谈、不可一世的人，定是阅历太浅、经历磨难太少之人。有时我们总会发现一个不起眼的人在不经意间成就了他的不平凡，他不会说我有多么厉害，只是默默地努力着，等待着时机，而后厚积薄发地有所成就。

追求卓越，超越自我

刘墉曾说过，最强的对手不一定是别人而可能是我们自己。在超越别人之前先得超越自己！奇迹是人创造的。人的因素是关键的。在生活与工作中，我们应处处严格要求自己。

公元前99年，骑都尉李陵率领5000士卒随贰师将军李广利，出居延千余里追击匈奴。李广利一遇敌打仗，便大败而逃，把李陵的几千步兵孤零零地扔给了十几万的敌骑。李陵陷入重围，他不惧不屈，接连奋战九天，宰杀敌骑五六千，终因众寡悬殊，粮尽援绝而被迫投降。时为汉武帝天汉二年。消息传出，朝野震荡。好大喜功的汉武帝勃然大怒，命人把李陵妻儿老小悉数押入死牢。

满朝文武，无不附和皇帝，纷纷指责李陵的不是。唯独太史令司马迁出来为李陵辩解，说他之所以不死而降，可能还另有原因。汉武帝自然不悦，于是把司马迁也关入大牢，并以"诬上"的罪名，被定了死罪。按照汉旧例，有两种情况可以免去死罪：一是拿钱赎，二是被处宫刑。

于是，司马迁面临三种选择：接受死刑，用钱买命，被处腐刑。花钱买命，当时需要五十万钱，相当于五个"中产之家"的财产，司马迁是一个穷"太史"，根本拿不出；受死，司马迁不是没有想到，并想到"人固有一死，或重于泰山，或轻于鸿毛"，但他想到了父亲的遗命，想到了毕生的使命还未完成，他不能就此去死；那么只剩最后一条路——接受宫刑。这可是奇耻大辱，过去说，"刑不上大夫"，更何况是宫刑呢！但为了事业，司马迁忍辱偷生。出狱以后，汉武帝还封他为"中书令"，名义上比"太史令"职务要高，可却是宦官担任的啊！为了完成撰写《史记》的宏源，司马迁把这一切都忍受了下来。

可见，能够成功的人，要学会肯定自己的能力，知道自己的追求，然后战胜一切困难，去实现它。

第二章

圆融为人乃应世之道

> 人际关系的好坏直接关系到一个人生活和事业的成败，一个人若想打造良好的人际关系，营造和谐的工作环境都需要圆融处世，所以，学会圆融吧。这样，你才能在与他人的交往中积极主动，游刃有余。

做事方正，做人圆融

1924年，美国哈佛大学教授团在芝加哥某厂做"如何提高生产率"的实验时，首次发现人际关系才是提高工作效率的关键所在，由此提出"人际关系"一词。自此以后，人们普遍认识到个人的事业成功、家庭幸福、生活快乐都与人际关系有着密切联系。而人际关系技巧则能使你在与人交往中如鱼得水，是你在现实世界中拼搏、奋争的有力武器。这就是我们讲的做事要方正，做人要圆融。

先说方，做事要方正，便是说做事要遵循规矩，遵循法则，绝不可乱来，中国人常说的"没有规矩不成方圆""有所不为才可有所为"，就是这个道理。

每一个行当都有自己绝不可逾越的行规。比如说做官就绝对要遵守清廉的原则，从一开始就要做好杜绝腐败的思想准备，就像曾国藩家训"八不得"中的一条"为官要清，贪不得"一样。如果做官不能遵守清廉的原则，企图以权谋私或权钱交易，那这个官就绝对当不好、当不长了。

为商要奉行的金科玉律是一个"诚"字。真正的大商人必是以诚行天下，以诚求发展，绝不会行狡诈、欺骗之伎俩，为一些蝇头小利或眼前得失而失信于天下。

　　做人要圆融。这个圆融绝不是圆滑世故，更不是平庸无能，这种圆是圆通，是一种宽厚、融通，是大智若愚，是与人为善，是居高临下、明察秋毫之后，心智的高度健全和成熟。不因洞察别人的弱点而咄咄逼人，不因自己比别人高明而盛气凌人，任何时候也不会因坚持自己的个性和主张让人感到压迫和惧怕，任何情况都不会随波逐流，要潜移默化地影响别人而又绝不会让人感到是强加于人……这需要极高的素质，很高的悟性和技巧，这是做人的高尚境界。

　　圆融处世并没有那么难，因为如果一个人能自强自信，心态平和，心地善良，凡事都往好的一面想，凡事都能站在对方的立场为他人着想，人的弱点皆能原谅，即便是遇见恶魔也依然坚信自己能道高一丈，如真能那样，还有什么事是做不好的呢？

　　当然也不乏有人为了某种利益和目的不惜敛声屏息，不惜八面讨好，不惜左右逢"圆"。但这种"圆"和"圆融处世"绝对有本质的区别，这种"圆"的背后是虚伪和丑恶。

　　方圆之道蕴藏了成功之道，掌握了做事为人的方圆之道，成功离我们就很近了。

重视日常应酬

　　圆融为人才能有良好的人际关系，这就要求我们重视日常应酬。

　　应酬是一门社交艺术，只有善用心思的人，才能达到联络感情的目的。卡耐基为我们讲了一个浅显易懂的例子：

一位同事生日，有人提议大家去庆贺，你也乐意前行，可是去了以后发现，这么多人为他庆生，他们为什么不在你生日的时候也来热闹一番？这就是问题所在，这说明你的应酬还不到家、你的人际关系还欠佳。要扭转这种内心的失落，你不妨积极主动一些，多找一些借口，在应酬中学会应酬。

比如，你新领到一笔奖金，又适逢生日，你可以采取积极的策略，向你所在部门的同事说："今天是我的生日，想请大家吃顿晚饭。敬请光临，记住了，别带礼物。"在这种情形下，不管同事们过去和你的关系如何，这一次都会乐意去捧场的，你也一定会给他们留下一个比较好的印象。

重视应酬，一定要入乡随俗。如果你所在的公司中，升职者有爱请同事吃饭的习惯，你一定不要破例，你不请，就会落下一个"小气"的名声。如果人家都没有请过，而你却开了这个先例，同事们会以为你太招摇。所以，要按照惯例来办。

重视应酬，还有一个别人邀请，你去与不去的问题。人家发出了邀请，不答应是不妥的，可是答应以后，一定要三思而后行。

对于深交的同事，一口答应，关系密切，无论何种场面，都能应酬自如。

交情浅的人，去也只是应酬，礼尚往来，最好反过来再请别人，从而把关系推向深入。

能去的尽量去，不能去的就千万不能勉强。比如，同事间的送旧迎新，由于工作的调动，要分离了，可以去送行；来新人了可以去欢迎。欢送老同事，数年来工作中建立了一定的感情，去应酬一下合情合理；欢迎新同事就大可不必去凑这个热闹，来日方长，还愁没有见面的机会吗？

重视应酬，不能不送礼，同事之间的礼尚往来，是建立感情、加深关系的物质纽带。

应酬需把握一些必要的技巧：

（1）对于话题的内容应有专门的知识。当你和对方谈到某一件事时，你必须对此确有所认识，否则说起来便缺乏吸引力，不能让对方感兴趣。

（2）充分明了人与人之间的关系的真理。有许多事即使做法不同，但道理是永不能改变的，这种"永不能改变"的道理，自己要常常放在心里。

（3）要培养忍耐力。切忌凡事小气。经验证明，小气常使自己吃亏。

（4）能够利用语气来表达你自己的愿望。不要使人捉摸不定，有些人以为态度模棱两可是一种技巧，其实是相当拙劣的。真正懂得运用应酬技术的人，都会让本身的立场迅速公开。

（5）常常保持中立，保持客观。按照经验，一个态度中立的人，常常可以争取更多的朋友。

（6）对事物要有衡量种种价值的尺度，不要死硬地坚持某一个看法。

（7）对事情要严守秘密。一个人不能守住秘密，容易失去别人的信任。

（8）不要说得太多，想办法让别人多说。

（9）对人亲切、关心，留心了解别人的背景和动机。

没有经过准备而进行一场应酬，常常不只不成功，而且会遭受无可挽救的失败。

如电话应酬，预先准备好别人说"是"或"否"时你应如何应对，就可以避免太多不必要的烦恼。

只有重视日常生活中的应酬，巧妙应酬，我们才能给自己拉出一个良好的人际交际的网络。

悄悄为他人做点好事

许多人为他人做好事、行方便的时候，总会顺便告诉对方自己对其他人也很好，心里悄悄地企盼着对方对自己有所肯定，其实这是完全没有必要的。

实际上，你做好事的同时，你善良的本性已经使你感觉愉快——仁爱的意义即在于此。

既然要付出，就单纯地付出，不要图回报，因为付出本身就是自己的初衷。别人的感激与表扬并不是你最需要的，你真正得到的有意义的回报是你无私奉献的热情——只要你有了这种热情，你的生活就会更加美好和惬意。所以，下次你为别人做好事的时候，不要声张——你的心情坦然了，你就能体会到奉献的乐趣。这是一种跟你的生活密切相关的处事方式，它不仅会带给你快乐，而且做起来也是轻而易举。

然而在日常的生活中，无论我们是有意或是无意的，我们总是想从别人那里得到点什么，尤其是当我们对别人有所帮助的时候。比如说常常出现这样的情况，一起合租的人常说："既然我打扫了洗手间，那么她就应该将厨房清理一下。"或是邻居之间："我上周帮他们家照顾了一下午孩子，这次总该他们帮我了吧。"而每当出现这种情况的时候，我们都认为我们所付出的已远远超过所得到的回报。

实际上，一个真正有智慧、内心充满平和宁静的人，是不会刻意去期待他人的回报的。你帮助别人的同时也可以使你在情感上得到同等程度的愉悦。

如果你感到替别人做了什么而得不到任何回报，那么导致你心里不平衡的根本原因是隐藏在你内心的互惠主义，它干扰你内心的平静，它使你老是在想：我想要什么，我需要什么，我应当去索取什么。如果行善事而有所图，也许好事会变成坏事。有一位美国青年，曾从深井中救出一个小女孩，得到女孩父母的深深感激和众人的钦佩。不幸的是，从此以后，他无论走到哪里都希望人们知道他的这一善行。随着岁月流逝，人们渐渐淡忘了，他却念念不忘，越来越无法忍受人们如此对待他这样一个救人英雄，最后他竟然选择了自杀。维吾尔族传说中最聪明的人阿凡提曾经说过：人家对你做的好事，你要永远记住；你对人家做的好事，你要立即忘记。或许，这位美国青年要能领会到阿凡提的这句名言，他的悲剧也许就能避免。

多在你的生活中试着真心真意地去帮助别人，别让你自己有意无意就想着"我将得到什么样的回报"，你最好慢慢摒弃这种想法。当你的行动完全出于你的意愿时，你一定可以体会到帮助他人而不在乎报答的快乐，只是真心实意地去做你所能做到的，将是件快乐的事情。

而事实上，你在悄悄为别人做点好事的同时，你的"善行"也被他人看在眼里，无形当中你为自己立下了很好的口碑，小小好事只有这样才能让你决胜人际关系，如果你刻意去期待他人的回报，那么在他人看来，你的"小小好事"反之只是你换取"人情"的筹码，就显得不够真诚，反而无法实现你打造良好人际关系的初衷。

让对方做主角

卡耐基认为，人与人交往时，只有尊重对方，交际活动才能顺利进行。如果总是压制对方、强迫对方服从自己，对方不久就会对你产生敌对情绪，从而失去对你的信赖。因此，交际中应努力让对方感到他才是交际的主角。

试着留意对方的反应，尽力使对方心情舒畅。在人际交往中，要让对方扮演主角就得准备多个"剧本"。因为不知交往会在何处受挫，所以就必须把能观测到的对方谈话内容写进"剧本"，然后自己根据"剧本"演好配角。要做到使对方成为主角，调查收集与此相关的信息就显得非常重要。如：对方有什么爱好？对方最喜欢什么？憎恶什么？对方讲话有什么特点？对方有什么个人习惯？对方的弱点有哪些？要基于这样的信息，拟写一份能使对方成为主角并能打动对方的"剧本"。

如果能够做到这一步，对方就会感到与你交往心情舒畅，因而对你产生好感。

在交际过程中，如果遇到某个你原先准备采用"中等水平"交际的人，但当你发觉这种方式实在无法进行下去，这时就需要修改"剧本"重新预演一下。不过在事先应该假设出交际过程中有可能会出现的各种各样的问题，并针对这些问题设想一下自己应做出怎样的调整。

另外，卡耐基还建议我们必须考虑到：对方也有针对自己的"剧本"，如果对方提出自己预料之外的问题，那么失败的可能是自己，所以必须反复斟酌，不断改善，这样才能使对方成为主角。在工作中，只有干好了配角你才能得到上司的提拔，而处处与上司争功，不配合上司工作则只能是受排挤。

让对方做主角，还要让他感受到自己的重要性，因为每个人都有成为重要人物的欲望，圆融为人就要看到这种普通的个人欲望，让他知道你尊重他，在意他。

卡耐基在纽约的一家邮局寄信，发现那位管挂号信的职员对自己的工作很不耐烦。于是他暗暗地对自己说："卡耐基，你要使这位仁兄高兴起来，要他马上喜欢你。"同时，他又提醒自己：要他马上喜欢我，必须说些关于他的好听的话，而他有什么值得我欣赏的呢？非常幸运，卡耐基很快就找到了。

在他处理卡耐基的信件时，卡耐基看着他，很诚恳地对他说："你的头发太漂亮了。"

他抬起头来，有点惊讶，脸上露出了无法掩饰的微笑。他谦虚地说："哪里，不如从前了。"卡耐基对他说："这是真的，简直像是年轻人的头发一样！"他高兴极了。于是，他们愉快地谈了起来。当卡耐基离开时，他对卡耐基说的最后一句话是："许多人都问我究竟用了什么秘方，其实它是天生的。"卡耐基想：这位朋友当天走起路来一定是飘飘然的。晚上他一定会跟太太详细地说起这件事，同时还会对着镜子认真端详一番。

当他把这件事说给一位朋友听时，朋友问他："你为什么要这样做？你想从他那里得到什么呢？"

是的，他想要得到什么？

什么也不要。如果我们只图从别人那里获得什么，那我们就无法给人一些真诚的赞美，那也就无法真诚地带给别人一些快乐了。你每一天都可以赞赏别人，并取得应有的效果。

如何做？何时做？何处做？回答是，随时随地都可做。

譬如，你在饭店点的是法式炸洋芋，可是女侍者端来的却是洋芋泥，你就说："太麻烦您了，我比较喜欢法式炸洋芋。"她一定会这么回答："不，不麻烦。"而且会愉快地把你点的菜端来。因为你已经表现出了对她的劳动的尊重。

一些客气的话实际上就是对别人的重视。"谢谢你""请问""麻烦你"诸如此类的细微礼貌，可以润滑每日生活的单调齿轮。有时候，真诚地重视别人往往还会产生意想不到的效果。

詹姆斯·亚当森是纽约超级座椅公司的董事长，当他得知著名的乔治·伊斯曼为了纪念母亲，要建造伊斯曼音乐学校和尔伯恩剧院时，他很想得到这两座建筑物座椅的订单。然而，伊斯曼只答应和他会晤五分钟。

"我从未见过这样漂亮的办公室。如果我有一间这样的办公室，我也一定会埋头工作的。"亚当森是这样开始谈话的。他又用手摸摸一块镶板，说道："这不是英国橡木吗？条纹跟意大利的稍有不同。"

"是的，"伊斯曼回答，"这是一位对木材特别有研究的朋友替我选的。"

接着，伊斯曼就带他参观整个办公室，兴致勃勃地介绍那些比例、色彩和手艺。

一小时过去了，两小时过去了，他们愉快的谈话还在继续。最后，亚当森终于从伊斯曼那里得到了座椅的订单。这是自然的，因为亚当森给了伊斯曼满足。

求大同存小异

心理学家高伯特普曾经说过："人们只在无关痛痒的旧事情上才'无伤大雅'地认错。"这句话虽然不胜幽默，但却是事实。由此，也可以证明：愿意承认错误的人是极少的——这就是人的本性。

留心我们的周围，争辩几乎无处不在。一场电影、一部小说能引起争辩，一个特殊事件、某个社会问题能引起争辩，甚至，某人的发式与

如何做到求同存异

求同存异既是一种思维，也是认识问题、解决矛盾的一种基础方法。它是矛盾的广泛性与特殊性、共性与个性相同一原理的具体体现。同就是普遍、共性的一面，异是指特别、个性的一面。

在处理人与人之间的关系上，求同就是努力去追求、扩展双方的共同点，存异就是正视并许可双方有各自的个性存在。二者是统一的。

人是群体动物，不可能脱离社会单独生存。之所以有不同的看法，只是利益诉求不同罢了，通过沟通是可以解决的。

人与人是这样，人与单位也是这样的。只有共同相处，总有利益和看法一致的机遇，避免在不同意见上的争执，要和谐相处。

求同存异中，求同是建立在基本准则基础上的求同，而不是一味地让步妥协，存异必须以不违背根本利益为前提，超出这个前提，就要进行有理、有利、有节的斗争；另一方面，善于存异，彼此容忍各种风格、个性和思维意识的存在，才能有助于求大同。

装饰也能引起争辩。而且往往争辩留给我们的印象是不愉快的，因为他的目标指向很明白：每一方都以对方为"敌"，试图以一己的观念强加于别人。

人与人之间相互交往，难免有意见相反时候，如果每件事都要求有个一致的意见，这样就很难圆融待人，所以在这种情境下我们可以把握求大同存小异的原则。

即使是作为朋友，每一个人都应该明白这点，自己永远生活在社会之中，同事、朋友之间，只有"同舟共济"才能共同生存，也只有尊重和帮助别人，才能赢得别人的尊重和帮助。

明白了这一点，我们在与朋友交往过程中，在办事过程中，也就必须以求大同存小异为原则。

因为在现实生活中，朋友之间所处的环境不同，在经历、教育程度、道德修养、性格等方面虽然是比较相近，但也不尽相同，必然存在着一定的差异。这种差异，不应该成为友谊的障碍。友谊的长久维持应该是正确对待这类差异的结果。应该承认自己和朋友在对待事物方面的差异，适应这种差异，双方可以有争论，但不可偏激，应在争论中寻找两个契合点，求大同，存小异。而事实上，有许多友情之所以中断，就缘起于对一些小异的偏激争执上。

所以当双方都各执己见、观点无法统一的时候，各自应该先控制一下自己，把不同的看法先搁下来，等到双方较冷静时再重新讨论。也许，等到你们平静的时候，说不定会相顾大笑把所有的不快都化解掉。

而在当你胜利的时候，你也应该表现出自己的大将风度，不去计较刚才对方对你的态度。应该顾及对方的面子，可以请对方喝杯咖啡，或是向他求索一点小帮忙，这样往往可以令他重返愉快的心理。这样才可使朋友之间长期相知相交。

很多时候，很多人忽略了朋友的感受，以为自己用某个理论或事实证明了自己观点正确就一定会让对方心服口服。而事实上并不是这样的。你可能得到了嘴上的胜利，但和那位朋友的友情，却从此疏远了，甚至不再往来。比较之下，你会不会觉得，当初真是有欠考虑，仅仅为了嘴上的胜利，而得罪了一个朋友——如果那位朋友较小气，说不定他正在伺机报复呢！

　　有些人在和朋友翻脸之后，明知大错已铸成，也不反省自己，还经常这样认为："这样的朋友不要也罢。"其实这样对你又有什么好处？而坏处却很快可以看到，因为和别人结上怨仇，你就少了一位倾吐心事的人。

　　这种现象我们应该尽一切可能去避免。圆融为人就要求我们能允许不同意见的存在。不仅在一些思想观念上我们要求同存异，就是在具体的办事过程中我们也要根据求同存异的原则，这样才能有更多的思路把事情办好，同时加深彼此之间的感情，以便日后进一步合作共事。

第三章

方圆通融，做人要变通

> 其实人与人之间的相处并没有那么难，只要你学会用变通的眼光去看待你周围的人和事，综合运用方圆之术灵活地处理与人的关系和做事的方法，那么你将在人际交往中如鱼得水，你终将享受到惬意的生活和成功的人生。

舍小利为大谋

靠近边塞一带居住的人中有一个精通术数的人。他家不小心丢了一匹马，邻居们替他惋惜。那老人却说："你们怎么知道这不是件好事呢？"众人听了之后大笑；认为那老人丢了马后急疯了。几天以后，那老人丢的马又自己跑了回来，而且还带来一群马。邻居们看了，都十分羡慕，纷纷前来祝贺这件从天而降的大好事。那老人却板着脸说："你们怎么知道这不是件坏事呢？"大伙听了，哈哈大笑，都认为老人是被好事乐疯了，连好事坏事都分不出来。果然不出所料，过了几天，老人的儿子练习骑一匹新来的马，一不小心把腿摔断。众人都劝老人别太难过，老人却笑着说："你们怎么知道这不是件好事呢？"邻居们都糊涂了，不知老人是什么意思。事过不久，发生战争，所有身体好的年轻人都被拉去当了兵，派到最危险的前线去打仗。而老人的儿子因为腿摔断了未被征用，父子俩一同保全了性命。

老子的《道德经》中说："祸兮福之所倚；福兮祸之所伏。"这种祸福相依的辩证思想使我们明白，即使是看起来很坏的事情，也会带来意想不到的好处。生活中此类事常见，善于变通的人一定要懂得该忍就忍，有时看似失利的事反而是获得更大利益的前提和资本。

生活中变通思考的人，善于从丧失小利益当中学到智慧。"舍小利为大谋"也是一种哲学的思路。

要成就大业，就得分清轻重缓急，该舍的就得忍痛割爱，该忍的就得从长计议。我国历史上刘邦与项羽在称雄争霸、建立功业上，就表现出了不同的气度，最终也得到了不同的结果。苏东坡在评判楚汉之争时就说，项羽之所以会败，就因为他不能忍，不愿意舍弃小利益白白浪费自己百战百胜的勇猛；汉高祖刘邦之所以能胜就在于他能忍，懂得舍小利为大谋的道理，养精蓄锐，等待时机，直攻项羽弊端，最后夺取胜利。

在生活中我们只有经常去舍弃一些小利益，一切从长计议，才能不被一些小利益迷惑，灵活变通地处理人和事，最终达成我们的目标。

以退为进

从处理事物的步骤来看，退却是进攻的第一步。现实中常会见到这样的事，双方争斗，各不相让。最后把小事弄大，大事转为祸事，这样往往导致问题不能解决，反而落得个两败俱伤的结果。其实，如果采取较为温和的处理方法。先退一步，使自己处于比较有利有理的地位。待时机成熟，便可以成功到自己的目的了。

何为退呢？即当形势对我方不利时，如果全力攻击，也可能不奏效时，就应采取退却的方法。军事家指出学会退却的统帅是最优秀的统帅，战而不利，不如早退，退是为了更好的胜利。

李渊任太原留守时，突厥兵时常来犯，突厥兵能征惯战，李渊与之交战，败多胜少，于是视突厥为大敌。

部属都以为李渊这次会与突厥决一死战，可李渊却是另有打算，他早就想要起兵反隋，可太原虽是军事重镇，却不足为号令天下之地，而又不能离了这个根据地。那如果离太原西进，则不免将一个孤城留给突厥。经过这番思考，李渊竟然派刘文静为使臣，向突厥称臣，书中写道："欲大举义兵，远迎圣上，复与贵国和亲，如文帝时故例。大汗肯发兵相应，助我南行，幸而侵暴百姓，若随俗和亲，坐受金帛，亦唯大汗是命。"

唯利是图的始毕可汗不仅接受了李渊的妥协，还为李渊送去了不少马匹及士兵，增强了李渊的战斗力。而李渊只留下了第三子李元吉固守太原，由于没有受到突厥的侵袭，李渊得以不断从太原得到给养。终于战胜了隋炀帝杨广，建立了大唐王朝。而唐朝兴盛之后，突厥不得不向唐朝乞和称臣。

唐高祖李渊以退为进，为自己雄心大志赢得了时间。如果不能忍那一时，李渊外不能敌突厥之犯，内不能脱失守行宫之责，其境险矣，于是他忍一时而成了大谋。

从军事进攻的谋略来看，退却可避免失败。三国时期曹爽带兵从骆谷入蜀，久战无功，而急忙回兵，避免了蜀兵的伏击。

从人生的态度来看，退却有时也是一种进攻的策略。现代社会中，以退为进表现自我也不失为一种良好的方法。

石桥正二郎是日本著名的大企业家，在他所写的《随想集》中，记述了这样一件事。二次大战后，位于京桥的石桥总公司的废墟中，有十多家违章建筑。因此律师顾问提出，若不及早下令禁止的话，后果将不堪设想。但在当时的情景下，如果硬性要求那些违章户立即搬走，必招致他们的拒绝，石桥公司没有这么做。石桥夫人来到现场和那些违章户谈话，对他们说："你们的遭遇实在值得同情，那么，你们就暂住在这里，先多赚点钱，等公司要改建大厦时，再搬到别的地方去吧。"她这样专程地去拜访那些违章户，并且赠送慰劳品，如此体贴别人的难处，使那些居住在石桥总公司内的人，心里十分感动。因此，当石桥大厦真的开工时，这些人不仅不抱怨，而且还心怀感激地迁到别的地方去住了。

有时候表面的退让只是一种应世的策略，为了追求更高的目标作出一些退让是善于变通之人的成熟表现。

以和为贵

孟子说：君子之所以异于常人，便是在于其能时时自我反省。即使受到他人不合理的对待，也必定先反省自身，自己是否做到仁的境界？是否欠缺礼？否则别人为何如此对待我呢？等到自我反省的结果合乎仁也合乎礼了，而对方强横的态度仍然未改，那么，君子又必须反问自己：我一定还有不够真诚的地方。再反省的结果是自己没有不够真诚的地方，而对方依然是强横的态度，君子这时才感慨地说：他不过是个荒诞的人罢了。这种人和禽兽又有何差别呢？对于禽兽根本不需要斤斤计较。

每个人都生活在人群中，有人的地方自然会有矛盾。有了分歧，不知怎么解决，很多人就喜欢争吵，非论个是非曲直不可。其实这种做

如何有效避免争论

争论最终一定会伤害彼此之间的情感，引发很多不必要的误解。那么怎样才能有效避免争论呢？大致可以从以下几方面做起：

A. 欢迎不同的意见

当你与别人的意见始终不能统一的时候，你就应该冷静地思考，或两者互补，或择其善者而从之。

B. 耐心把话听完

每次对方提出不同的观点，不能只听一点就开始发作了，要让别人有说话的机会。

C. 真诚对待他人

如果对方的观点是正确的，就应该积极地采纳，并主动指出自己观点的不足和错误的地方。这样做，有助于减少他们的防卫，同时也缓和了气氛。

法很不明智，吵架伤和气又伤感情，不值。不如大事化小小事化了，俗话说，家和万事兴，推而广之，人和也万事兴。人际交往中切不可认死理，装装糊涂于己于人都有利，善于变通的人会在待人处事上"以和为贵"。

事实上，按照常情，任何人都不会把过去的记忆抛掉，人们有时会对某些事件执念很深，甚至会终生不忘。当然，这仍然属于正常之举。谁都知道，怨恨的化解不是那么容易的。所以，为了避免招致别人的怨愤，一个人行事需小心。《老子》中据此提出了"报怨以德"的思想，孔子也曾提出类似的话来教育弟子："以德报怨，以德报德。"其含义均是叫人处事时心胸要豁达，以君子般的坦然态度应付一切。

《庄子》中对如何不与别人发生冲突也做了阐述。有一次，有一个人去拜访老子。到了老子家中，看到室内凌乱不堪，心中感到很诧异，于是，他大声咒骂了一通扬长而去。翌日，那个人又回来向老子道歉。老子淡然地说："你好像很在意智者的概念，其实对我来讲，这是毫无意义的。所以，如果昨天你说我是马的话我也会承认。因为别人既然这么认为，一定有他的根据，假如我顶撞回去，他一定会骂得更厉害。这就是我从来不去反驳别人的缘故。"

从这则故事中可以得到如下启示：在现实生活中，当双方发生矛盾或冲突时，对于别人的批评，除了虚心接受之外，还要养成毫不在意的功夫。人与人之间发生矛盾的时候太多了，因此，一定要心胸豁达，有涵养，不要为了不值得的小事去得罪别人。而且生活中常有一些人喜欢论人短长，在背后说三道四，如果听到有人这样谈论自己，完全不必理睬这种人。只要自己能自由自在按自己的方式生活，又何必在意别人说些什么呢？

从前，有一对有贤名兄弟名叫伯夷、叔齐，二人互相推让王位退隐到山林里，最后双双饿死了。还有一位商朝的宰相伊尹，也很有名。孟子把孔子、伯夷和伊尹三人的人生观加以比较后，他说："不同道。非莫君不事，非其民不使；治则进，乱则退：伯夷也。何使非君？何使非民？治亦进，乱亦进：伊尹也。可以仕则仕，可以止则止，可以速则速：孔子也。皆古圣人也。吾未能有行焉。及所愿，则学孔子也。"

孔子、伯夷、伊尹三人，各有不同的人生观，但都能坚守仁、义，所以孟子认为他们都是圣人。换言之，只要能够忠实地坚守原则，那么采取什么手段、方法都无关紧要。

这种处世态度对现代社会的人们很有借鉴意义。人们往往因为别人的生活方式以及对人事物的态度与己不同，因而排斥对方，认为唯有自己才正确。其实，只要能够遵守做人的原则，那么采取什么生活方式都无所谓。我们不可能要求别人在生活方面处处和自己一样，或是事事如己所愿，这是极不现实的，如果能认清这个道理，人的心胸就会豁然开朗。圆融变通为人，就会允许人与人之间的差异存在，这样的人才是受欢迎的人。

借机成就非凡

"年轻人的机遇不复存在了！"一位学法律的学生对丹尼尔·韦伯斯特抱怨说。"你说错了，"这位伟大的政治家和法学家答道，"最顶层总有空缺。"

没有机遇？没有机会？在这世界上，成千上万的孩子最终发财致富，卖报纸的少年多年后被选入国会，出身卑微的人士经过努力获得高位。在这世界上，难道没有机会？对于善于利用机会的人，世界到处都是门路，到处都有机会。我们未能依靠自己的能力尽享美好人生，虽然这种能力既给了强者，也给了弱者。我们一味依赖外界的帮助。即使本来就在眼前的东西，我们也要盯着高处寻找。

许多人认为自己贫穷，实际上他们有许多机会，只是需要他们在周围和种种潜力中，在比钻石更珍贵的能力中发掘机会。据统计，在美国东部的大城市中，至少94%的人第一次挣大钱是在家中，或在离家不远的地方，而且是为了满足日常、普通的需求。而这对于那些看不到身边机会、一心以为只有远走他乡才能发迹的人，不啻是当头一棒。

一伙巴西牧羊人前往美国加州淘金，随身带了一把半透明的石子用来在路上玩西洋跳棋。到了旧金山，石子大都被扔掉了，他们才发现这些石子是钻石。他们急忙赶回巴西，而出产石子的地方已被其他人占有并出售给了政府。

哈佛的阿加西兹教授曾讲过一个农夫的故事。这个农夫有一处几百英亩的农庄，里面尽是些石头和不值钱的树，他决定把农庄卖掉去从事更赚钱的煤油买卖。他开始关注煤层和煤油油藏，并进行了长时间的研究。他把农庄以200美元的价格卖掉，然后跑到200英里外的地方开展新业务。不久，买下农庄的人在农庄里发现了大量煤油，而以前那个农夫不知道其价值却千方百计想把它卖掉。

他们都错失了身边的财富，并将其拱手让人。因此，善于变通之人懂得抓住身边的机会来成就非凡。

保罗·迪克刚刚从祖父手中继承了美丽的"森林庄园"，就被一场雷电引发的山火化为灰烬。面对焦黑的树桩，保罗欲哭无泪，年轻的他不甘心百年基业毁于一旦，决心倾其所有也要修复庄园，于是他向银行提交了贷款申请，但银行却无情地拒绝了他。接下来，他四处求亲告友，依然是一无所获……

所有可能的办法全都试过了，保罗始终找不到一条出路，他的心在无尽的黑暗中挣扎。他知道，自己以后再也看不到那郁郁葱葱的树林了。为此，他闭门不出，茶饭不思，眼睛熬出了血丝。

一个多月过去了，年已古稀的外祖母获悉此事，意味深长地对保罗说："小伙子，庄园成了废墟并不可怕，可怕的是你的眼睛失去了光泽，并且一天天地老去。而一双老去的眼睛，怎么可能看得见希望呢？"

保罗在外祖母的劝说下，一个人走出了庄园，走上了深秋的街道。他漫无目的地闲逛着，在一条街道的拐角处，他看见一家店铺的门前人头攒动，他下意识地走了过去。原来，是一些家庭妇女正在排队购买木炭。那一块块躺在纸箱里的木炭忽然使保罗眼睛一亮，他看到了一线希望。

在接下来的两个多星期里，保罗雇了几名烧炭工，将庄园里烧焦的树加工成优质的木炭，分别装进一个个箱子里，送到集市上的木炭经销店。结果，木炭被一抢而空，他因此得到了一笔不菲的收入。不久，他用这笔收入购买了一大批新树苗，一个新的庄园又初具规模了。几年以后，"森林庄园"再度绿意盎然。

机会在我们周围到处都有。自然界的力量为人类服务千百年来，闪电一直想引起人类对电的注意，电可以替我们完成那些枯燥乏味的工作，从而使我们抽出身来开发上帝赋予的能力。

你准备好迎接自己的机会了吗？

把一块固体浸入装满水的容器，人人都会注意到水溢了出来，但从未有人想到身体浸入在水盆中的体积等于同体积的水这一道理，只有阿基米德注意到这一现象，并发现了一种计算不规则物体体积的简易方法。

　　有人到一位雕塑家家中参观，看到众神之中有一位头发遮面，脚上长着翅膀的雕像，便问："她叫什么名字？"

　　雕塑家答道："机会之神。"

　　"为什么她的脸不露出来？"

　　"因为当她到来时，人们很少认识她。"

　　"为什么她的脚上长着翅膀？"

　　"因为她很快就会离去，而一旦离去，就不会被追上。"

　　"机会女神的头发长在前面，"一位拉丁诗人也说过，"后面却是光秃秃的。如果抓前面的头发，你就可以抓住她；但如果让她逃脱，那么即使主神也抓不到她。"

　　不要坐等机会，要创造机会，就像拿破仑那样多少次使自己绝处逢生，或者像牧羊童费格森那样用一串玻璃计算星星之间的距离。对于懒惰者来说，再好的机会也一文不值；对于勤奋者来说，再普通的机会也视若珍宝。

　　机会总是隐藏在周围琐碎小事里，抱怨是没有用的，从最基本的小事做起，把握住每一个可能的机会，再平凡的你也能做出不平凡的事来。

　　因此做人要善于变通，你利用的机会越多，创造的新机会也越多，成就非凡的可能性也会大很多。

第四章

乐观圆融面对生活

> 学握方圆之道可以让你在人生路上趋吉避祸，但人生的意义还需要在经历磨砺以后才能有所感悟。人生苦短，要学会善待自己，开阔心胸，在困难面前也要笑对一切，勇于进取，寻求成功的契机。

简单快乐，爱自己

一个人要尽力远离烦恼和忧愁，这不仅是很明智的，也是很有好处的。不用说，办事小心谨慎能够免除很多不必要的烦恼，给人带来幸运和宽心。

亚伯拉罕·林肯说："只要心里想要快乐，绝大部分人都能够如愿以偿。"

心理学家 M. N. 加贝尔博士说："快乐纯粹是内在的，它不是由于客体，而是由于观念、思想和态度而产生的。不论环境如何，个人的生活能够发展和指导这些观念、思想和态度。"

你不一定要回报他人而不拿自己的快乐当一回事。人们应该学会爱自己，让自己过得简单快乐。

忧愁是生活中常见的一种最消极，而且没有一点好处的情绪。你心中忧愁，只能让你精神萎靡，身体健康受损。

当你忧愁时，你会利用现在宝贵的时间，去担心自己的事，或者是别人的事。但担心归担心，于问题解决没有一点帮助。

烦恼会光顾那些烦躁不安、总不满足的人，这样的人常常会与幸福无缘，心态也难以乐观豁达。有些人身上就好像长满了刺，谁愿意接近这样的人呢！他们不能很好地控制自己的脾气，为一点小事而耿耿于怀，寸步不让，甚至最终引发暴力冲突。对他们来说，生活当然会充满矛盾，幸福和快乐会被担忧和烦躁代替。

理查德·夏普说："虽然只是些不值得一提的小问题，但这无形的烦恼却会带来很大的痛苦，就好比细细的一根头发就能破坏一部大型机器的正常运转一样，如果你想快乐，就不要让一些琐碎之事来影响自己的心情。要试着学会愉快地处理日常生活中的一些小麻烦，有意识地主动去寻找生活中的乐趣，时间久了，自然会拥有好心情。"

人的情感就是这样，总是希望有所得，以为拥有的东西越多，自己就会越快乐。所以，这人之常情就迫使我们沿着追寻获得的路走下去。可是，有一天，我们忽然惊觉，我们的忧郁、无聊、困惑、无奈及一切不快乐，都和我们的图谋有关，我们之所以不快乐，是我们渴望拥有的东西太多了。

懂得放弃才有快乐，背着包袱走路总是很辛苦。中国历史上，"魏晋风度"常受到称颂，他们于佛、老子、孔子，哪一家也说不上，但是哪一家都有一点，在入世的生活里，又有一分出世的心情。说到底，是一种不把心思凝结在利益上的心态。

我们在生活中，时刻都在取与舍中选择，我们总是渴望着取，渴望着占有，常常忽略了舍，忽略了占有的反面——放弃。懂得了放弃的真意，也就理解了"失之东隅，收之桑榆"的妙谛。多一点中和的思想，静观万物，体会与世界一样博大的诗意，适当地有所放弃，这正是我们获得内心平衡，获得快乐的好方法。

大度能容天下人

"大度能忍，方为智者本色。"在人际交往当中，如果没有海纳百川的容人肚量，是很难容忍别人的缺点及对自己某些利益的损伤的。若是对于这些问题处理不当，就会对自己造成许多损失，轻则失去朋友，重则成众矢之的，将自己陷入孤立无援的境地之中。

为人处世应遵循的一条基本原则就是要与人为善，只有习惯与人为善的人，方能不为小节而气愤，方能"容天下难容之事。"

宽容是人类最高美德之一。宽容待人，表现在能容纳不同的生活方式，不同的价值观，不同的意见，不强把自己的意见加给别人；待人不斤斤计较；与人发生矛盾时，不结怨，得饶人处且饶人，和善待人。宽容待人，才能在复杂的社会中建立良好的人际关系，使自己生活在一个和睦的环境之中，这样一方面使与自己结怨的小人减少，另一方面也不给小人以可乘之机。

能够容忍别人的过失，以宽容为怀，是一个人非常优秀的品质。很多成功者就是凭借着对他人的宽容走上了成功之路的。宽容能帮助人们减少仇恨、暴力和偏见。

相传春秋时代秦穆公巡游时一匹马走失了，穆公追到岐山之南，发现一些人杀了这匹马煮着吃了。穆公见状后就说："吃肉不喝酒，我担心伤害你们的身体。"于是拿酒来与之共饮，尽欢而去。一年后，秦晋交兵，穆公被围，眼看就要被俘时，有三百多人过来死战晋军，保住穆公，并生擒了晋惠公，原来，这些人正是当年吃马肉者。

所谓"大人不计小人过"，宽容地对待曾经冒犯你的人，是智者的行为。

楚汉争锋，天下已定，进行封赏。

有一天，刘邦在洛阳南宫边散心，放眼望去，只见一群人在宫内不远的水池边，有的坐着，有的站着，一个个看上去都是武将打扮，在交头接耳，好像在议论着什么事。刘邦心生疑惑，便把张良找了过来，问道："那群人在干什么？"

张良答道："他们准备聚众谋反呢！"

刘邦一惊，问："为什么呢？"

张良回答："皇上从一个布衣百姓开始，与各位将士一道夺取了天下。但现在所封的都是您以前的老朋友及自家的家族，杀的都是您最恨的人，这怎么不使大家害怕呢？今天没有获封，以后肯定难逃一死。这么一想，他们当然头脑发热，要聚众闹事了。"

刘邦赶忙征求张良意见："怎么才能平息呢？"

张良问刘邦："皇上平时对谁最厌恶、憎恨呢？"

刘邦说："我最恨的是雍齿。在我起事时，他无缘无故投了魏，后来又从魏投向赵，再从赵投降张耳。当张耳投降我时，我才收容了他。现在因为刚灭楚不久，我不方便无缘无故杀他。想起他来我就恨得牙齿咯咯作响。"

张良一听，说："好！您立即把他封为侯，这样，就可化解眼下的人心浮动。"

刘邦对张良很信任，他相信张良的话很有道理。

过了不久，刘邦在南宫设酒招待群臣。在宴席快要结束时，他宣布："封雍齿任甚邡侯。"将士们见刘邦能宽容地对待他最讨厌的人，知道不用再担心自己的性命，便都忠心地拥护刘邦。

宋代著名大文学家苏东坡在评论楚汉之争时就曾说：汉高祖刘邦所

以能胜，楚霸王项羽所以失败，关键在于能忍不能忍。项羽不能忍，白白浪费自己百战百胜的勇猛；刘邦能忍，养精蓄锐，等待时机，直攻项羽弊端，最后夺取胜利。楚汉之争，从多方面说明了这一点。刘邦可以成大业是他懂得忍下人之言，忍一时失败，忍个人意气；而项羽气大，什么都难忍难容，不懂得"小不忍则乱大谋"的道理，大业未成身先死，可悲可叹！

许多时候，对对手宽容，也可以获得他们的忠诚。

公元255年的春天，刘备刚死不久，居于南方地区的少数民族首领孟获便与朱褒等人发动了叛乱，诸葛亮兵分三路平定叛乱。

行前，诸葛亮与马谡达成了共识：对在南方地区各部族人中颇有声望的孟获，只能将他争取过来，这样才会使蜀国有一个安定的大后方。因此下令不准杀害孟获，只可活捉。

首次交锋，诸葛亮故意让部队显得军容不整，士气涣散，以此来麻痹孟获，使之生出轻敌之心，轻松地活捉了孟获。

可是这次没能让孟获心服口服，诸葛亮便笑着放回了孟获。第二次交锋时，孟获派出了上次被俘后放回来的两员战将，结果又大败而回。孟获疑心二位战将诈败欲杀他们，可反被两员战将捉住送到了诸葛亮的面前。

这一次孟获仍不服输，认为是被自己手下人抓住的，要求放了他重新交战。

第三次孟获又以自己用人不当为由，拒不服输，于是诸葛亮又放他回去了。

孟获又接连三次被蜀军活捉，但他都未心服，诸葛亮就耐着性子一次又一次地放回。最后，当诸葛亮要第七次放回孟获的时候，孟获终于心悦诚服表示永不反叛，誓死效忠蜀国了。

诸葛亮正是因为要达到长治久安的目的，方才有了七擒孟获的美谈。

在当今社会的人际关系中，宽容可以让你一路顺畅。

美国总统林肯指出：为了建立良好的人际关系，必须学会忍让。他打比方说："在狭窄的路上碰到一只狗，若为了强调自己的权利与狗争道，一定会遭狗咬。与其如此，不如让狗先过去，既无伤大雅也不伤身体，这是较聪明的办法。若被它咬了，再恨恨地想杀掉它，也无济于事，伤口仍要长时间的治疗才会痊愈呀！"

一个人当然要表现得大度，可是对嫉妒与恶意表现出无所谓的样子也是没有好处的。能够称赞挖苦过你的人，你就更令人敬佩；能够用智

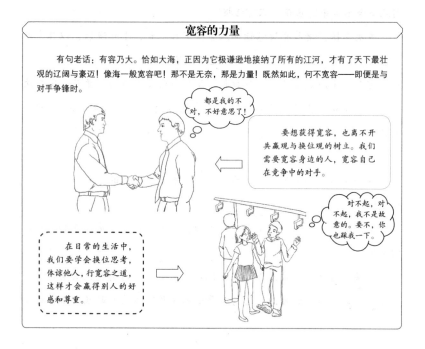

宽容的力量

有句老话：有容乃大。恰如大海，正因为它极谦逊地接纳了所有的江河，才有了天下最壮观的辽阔与豪迈！像海一般宽容吧！那不是无奈，那是力量！既然如此，何不宽容——即便是与对手争锋时。

> 都是我的不对，不好意思了！

> 要想获得宽容，也离不开共赢观与换位观的树立。我们需要宽容身边的人，宽容自己在竞争中的对手。

> 对不起，对不起，我不是故意的。要不，你也踩我一下。

> 在日常的生活中，我们要学会换位思考，体谅他人，行宽容之道，这样才会赢得别人的好感和尊重。

慧、品行战胜狭隘的嫉妒，你就更令人尊敬。你的每一次成功都会折磨一次与你为敌的人；你的每一次辉煌都打击一次与你竞争的对手。成功的号角一方面公告了成功者的辉煌，另一方面也宣告了嫉妒者的痛苦和煎熬。

人的一生之中，避免不了荣辱毁誉，穷达进退等种种遭遇，面对纷繁复杂的社会，一个人应该怎样做才能安身立命，而后成就一番事业呢？这实际上反映的是人生观、价值观的问题。《薛子庸语》一书中说："君子明于死生之分，达于利害之变，则富贵、贫贱、夷狄、患难、寿夭，一以视之矣。"也就是说人对于生死、得失、荣辱、富贵、贫贱等等不要看得过重，要克制、忍耐人性中的缺点，豁达地对待这些问题。

学会忍耐、忍让固然重要，但更要分清可忍与不可忍之事。不问缘由地一忍了之，无原则地一忍再忍，不是智者之举，只能表现出你的懦弱与愚蠢，有时更会害人害己。

在人际交往中，我们提倡律己以严，待人以宽。但是，律己宽人也是有原则、有条件的，那种不顾原则、不讲条件的盲目地律己宽人，有时往往会降低你在别人心目中的威望，减损你的人气，这种做法是不可取的。

律己宽人不仅要有一个度，而且还要看环境、看对象。《韩非子·外储说左上》记载了一个宋襄公打败仗的故事。宋军先到一步，已经排成战列，剑拔弩张；而楚军兵马还在乱糟糟地渡河。右司马对宋襄公说："楚军人多而宋军人少，趁楚军正在渡河，立足未稳，赶快出击，定能获胜。"宋襄公回答说："我听说君子不杀受了重伤的人，不乘人之危，不击鼓成列不能对阵。现在楚军还未准备好，我们若攻击它，不合乎义，请让楚军排好阵势，然后再击鼓进攻。"等到楚军列阵完毕后，宋襄公才命令宋军出击，结果弱小的宋军被楚军打得大败，宋襄公大腿上也中了一箭，三天后，就一命呜呼了。

律己宽人，虽然可以有助于赢得友谊，甚至有时也能将敌人转化为朋友，但是，它不是在任何条件下对任何人都适用的。

容忍不仅仅是为了要统驭，或是倾向于某一方面，而是凭着智慧与善意，去发掘真理，使我们免于专横、盲目，最重要的是免于心胸狭窄。

宽宏大量，与人为善，宽容待人，能主动为他人着想，肯关心和帮助别人的人，则讨人喜欢，被人接纳，受人尊重，具有魅力，因而能更多地体验成功的喜悦。

坚守信念，不在意他人的评说

"聋"就是耳聋；笑骂由他笑骂，好坏我自为之。但"聋"字中包含有"瞎"的意义。

如果一个人能不理睬他人的风言冷语，善于保护自己，那么他完全可以塑造出正面的自我形象来。那些脸皮薄、心肠软的人，在试图实现任何理想的过程中，总是对这个过程中第三方的评价心存疑虑，因此做事难免缚手缚脚、瞻前顾后。这样行动起来，本来可以直接达到目标的路径，却因有所顾忌而放弃，因此就平添了许多麻烦，反而不易实现自己的理想。

有成功潜质的人，能够把别人的评价放在一旁，拒绝接受任何人试图强加于他头上的种种限制。更加重要的是，他们不会因为其他的扰乱因素而改变自己的行动计划，也从不怀疑自己的能力和价值。对待别人的讥讽、嘲笑、辱骂，以及任何其他涉及自己尊严和脸面方面的问题皆不在意，一心一意地朝着自己心里想的去做，所以他们往往更容易步入成功人士的行列。

晏子是春秋后期一位重要的政治家，他以有政治远见和外交才能，作风朴素闻名诸侯。他爱国忧民，敢于直谏，博闻强识，善于辞令，主张以礼治国，在诸侯和百姓中享有极高的声誉。还在未做国相时，齐景公命晏子去治理东阿。晏子满怀热情地准备去那里大展宏图。然而，3年之后，向朝廷告状的人越来越多，景公非常恼怒，他将晏子召了回来，要罢免他的官职。

晏子知道自己的治理方式饱受争议，但为了自己能够继续施展才能，于是非常谦卑地对齐景公说："臣已然知错，但请大王再给臣3年的时间，那时，人们必定会说好话了。"景公见他十分诚恳，好像的确很有把握，便答应了他的请求，仍旧让他治理东阿。这样，3年很快又过去了，景公果然很少再听到对晏子不满的声音，都是一些盛赞他的话。景公十分高兴，于是召晏子入朝，打算予以嘉奖。不料晏子却诚惶诚恐地表示不敢接受。

齐景公感到很奇怪，就问晏子究竟是什么原因。晏子回答说："第一次我去东阿的时候，让人修筑道路，还施行有利于百姓的各种措施，坏人便责备我；我主张节俭勤劳，尊老爱幼，惩治偷盗无赖，无赖便会怨恨我；权贵犯法，我也严加惩治，毫不宽恕，权贵们嫉恨我；我身边的人如果有触犯法度的行为，我也惩罚他们，周围的人责骂我。这些对我的恶语中伤四处传扬，甚至有人还在背后告我的黑状。这样，您认为我的确做错了。第二次，我就改变了做法。我不让人们修路，拖延实施利民措施，坏人就高兴了；我并不再提倡节俭勤劳、尊老爱幼，还释放那些鸡鸣狗盗之徒，无赖们也开心起来；权贵们犯法，我并不依法惩治而予以偏袒，权贵们开始奉迎我了；周围的人无论有什么要求，即便是违背法度的事情，我也有求必应，因此，周围的人也满意了。于是，这些人又到处颂扬我，您也就信以为真了。3年前，您要处罚我，其实我应该受赏；现在，您要封赏我，但其实我该受罚。"

齐景公听后，恍然大悟，知道晏子是一位有德有才的良臣，于是立刻拜他为相，并把治理全国的重任都交给他。自此以后，凡是有对晏子不利的言论，齐景公一概不予理会。后来，在晏子的治理下，齐国终于实力大增，成为争霸天下的强国之一。

一般人把自己的尊严和荣誉摆在最重要的位置，宁折不屈是他们的做人准则。但晏子的高明之处是，他并不急于替自己辩解，笑骂由人，而是用行动来告诉齐景公，不管是执政还是用人，都要担得起风言冷语，也要能够分辨是非真假。在这方面，齐景公也是聪明人，一点就通，这样才能真心诚意地任用晏子为相，使齐国强大起来。

智者守愚

清代著名的扬州八怪之一郑板桥的一生中，皓首穷经，没有从圣贤书中学到多少人生真谛，却从世态炎凉中总结出了一句至理名言——难得糊涂。

中国古代的道家和儒家都主张"大智若愚"，而且要"守愚"。孔子的弟子颜回会"守愚"，深得其师的喜爱。他表面上唯唯诺诺，迷迷糊糊，其实他在用功，所以课后他总能把先生的教导清楚而有条理地讲出来，可见若愚并非真愚。大智若愚的人给人的印象是：虚怀若谷，宽厚醇和，不露锋芒，甚至有点木讷。其实在"若愚"的背后，隐含的是真正的大智慧、大聪明。

孔子年轻气盛之时，曾受教于老子。老子对孔子说："良贾深藏若虚，君子盛德容貌若愚。"即善于做生意的商人，总是隐藏其宝货，不叫人轻易看见；君子之人，品德高尚，容貌却显得愚笨拙劣。

因此，老子警告世人："不自见，故明；不自是；故彰；不自伐，故有功；不自矜，故长。""企者不立，跨者不行，自见者不明，自是者不彰。自伐者无功，自矜者不长。"

老子是第一个推崇"愚"的含义的人——宽容、简朴、知足的最高理想。

这种处世态度包括了愚者的智慧、隐者的利益、柔弱者的力量和真正熟知世故者的简朴。这种境界的达到，往往是一个高尚的智者在人生的迷途中幡然悔悟后得来的。

在儒家思想中，没有任何东西比炫耀、有意显示更遭批评的了。

金熙宗时期，石琚任邢台县令时，腐败贪污成风，唯独石琚洁身自好，还常告诫别人不要见利忘义。

石琚曾经面对邢台守吏规劝说：

"一个人到了见利不见害的地步，他就要大祸临头了。你敛财无度，不计利害，你自以为计，在我看来却是愚蠢至极。回头是岸，我实不忍见到你东窗事发的那一天。"

邢台守吏拒不认错，私下竟反咬一口，向朝廷上书诬陷石琚贪赃枉法。后来，邢台守吏终因贪污受到严惩，其他违法官吏也一一治罪，石琚因清廉无私，虽多受诬陷却平安无事。

石琚官职屡屡升迁，有人便私下向他讨教升官的秘诀，石琚总是一笑说：

"我不想升迁，凡事凭良心无私，这个人人都能做到，只是他们不屑做罢了。人们过分相信智慧之说，却轻视不用智慧的功效，这就是所谓的偏见吧。"

金世宗时，世宗任命石琚为参知政事，万不想石琚却百般推辞，金世宗十分惊异，私下对他说："如此高位，人人朝思暮想，你却不思谢恩，这是何故？"

石琚以才德不堪作答，金世宗仍不改初衷。石琚的亲朋好友力劝石琚道：

"这是天下的喜事，只有傻瓜才会避之再三。你一生聪明过人，怎会这样愚钝呢？万一惹恼了皇上，我们家族都要受到牵连，天下人更会笑你不识好歹。"

石琚长叹说："俗话说，身不由己，看来我是不能坚持己见了。"

石琚无奈接受了朝廷的任命，私下却对妻子忧虑地说：

"树大招风，位高多难，我是担心无妄之灾啊。"

他的妻子不以为然，说道：

"你不贪不占，正义无私，皇上又宠信于你，你还怕什么呢？"

石琚苦笑道：

"身处高位，便是众矢之的，无端被害者比比皆是，岂是有罪与无罪那么简单？再说皇上的宠信也是多变的，看不透这一点，就是不智啊。"

石琚在任太子少师之时，他曾奏请皇上让太子熟习政事，嫉恨他的人便就此事攻击他别有用心，想借此赢取太子的恩宠。金世宗听来十分生气，后细心观察，才认定石琚不是这样的人。

金世宗把别人诬陷他的话对石琚说了，石琚所受的震撼十分强烈，他趁此坚辞太子少师之位，再不敢轻易进言。

大定十八年，石琚升任右丞相，位极人臣，前来贺喜的人络绎不绝。石珺表面上敷衍应酬，私下却决心辞官归居。他开导不解的家人故旧说：

"我一生勤勉，所幸得此高位，这都是皇上的恩典，心愿已足。人生在世，祸在当止不止。"

他一次又一次地上书辞官，金世宗见挽留不住，只好答应了他的请求。世人对此事议论纷纷，金世宗却感叹说："石珺大智若愚，这样的大才天下再无第二个人了，凡夫俗子怎知他的心意呢？"

装"糊涂"有时候也是一种无奈之举，与他人交谈，尤其谈论的主题令人不快时，你最好不要过于注重一些不重要的细节，即使是需要注意的一些事情也应该随意一点，因为把谈话变成琐碎的询问总是不好的。在与人交往的时候，需要的是彬彬有礼而高贵的宽宏大量，因为这是一种高雅的风度。善于支配他人的一大要诀就在于对事情表现出漠不关心。学会忽视发生在好友、熟人、特别是对手中的大多数事情，因为过分的谨小慎微是令人不快的。

每个人都有缺点，对于别人的缺点，我们有时候需要"糊涂"一点。这种对人们缺点的"糊涂"，是一种难得的糊涂。有时候"糊涂"是日常生活中不可缺少的一个音符，"糊涂"是为人处世时刻都用得上的。

这里所说的"糊涂"，是指在待人接物时，要学会装装糊涂，讲点艺术。

苏轼在《贺欧阳少师致任启》中说："力辞于未及之年，退托以不能而止，大勇若怯，大智若愚。"对于那些不情愿去做的事，可以以智来回避。有大勇，却装出怯懦的样子，聪敏，装出很愚拙的样子，如此可以保全自己的人格，同时也可不做随波逐流之事。真正的大智大勇者未必要大肆张扬，徒有其表，而要看其实力。李贽也有类似的观点：

"盖众川合流，务欲以成其大；土石并砌，务以实其坚。是故大智若愚焉耳。"百川合流，而成其大；土石并砌，以实其坚，这才是大智若愚。

人们在追求成功的过程中，并不是笔直平坦的，它是由许多曲折和迂回铸成的。聪明的人在不能直达成功彼岸的时候，就会采取迂回前进的办法，不断克服困难，最终走向成功。当我们面临困难，面对无奈和尴尬时，不妨学糊涂一些，只有这样，成功才会属于你。

没有什么比自信更重要

美国哲学家罗尔斯曾说过：所谓信心，就是我们能从自己的内心找到一种支持的力量，足以面对生或死所给我们的种种打击，而且还能善加控制。凡是能找到这种力量的人，必是最后取得成功的人！

成功人士与失败者之间的差别是：成功人士始终用最积极的方式思考，最乐观的精神去面对，以及用最辉煌的经验支配和控制自己的人生。一般人都认为不可能的事，你却能向它挑战，这就是成功之路了。信念会使你超越内心给自己所设的限定，相信你是天生的赢家。

日常生活中，一个人只要有自信，那么他就能成为希望成为的样子。

心理学家做过这样的实验。他们从一个班级的大学生中挑出一个最愚笨、最不招人喜爱的姑娘，要求她的同学改变以往对她的看法，大家也真的打心眼里认定她是位漂亮聪慧的姑娘。不到一年，这位姑娘便奇迹般地出落得漂亮起来，气质也同以前判若两人。她对人们说，她获得了新生。确实，她并没有变成另外一个人，然而在她身上却展现出每一个人都蕴藏的美，这种美只有建立在强烈的自信心上，才会展现出来。

自信是一种天赋，天下没有一种力量可以和它相提并论。一个小小的信心可以移动巨大的山峰。所以有信心的人，没有所谓的不可能。他会遭遇挫折困难，但他不会灰心丧气。

几乎每个人都曾一度丧失信心，但如果他有智慧，便能找回信心。童年时凭着信心，驾一叶扁舟航行大海，常会被人生的大风浪弄翻小舟。所以传统的信心还是不够。

假使我们有勇气继续前进，对于我们看不到的地方就只有凭信心了。我们进可以攻，退可以守，还可以找到一个更坚定、更崇高的信心。

自信的态度决定人生的高度。

拿破仑·希尔认为一个人是否成功，就看他的态度了。

有些人总喜欢说，他们现在的境况是别人造成的。环境决定了他们的人生位置。但是，我们的境况不是周围环境造成的。说到底，如何看待人生，由我们自己决定。纳粹德国集中营的一位幸存者维克托·弗兰克尔说过："在任何特定的环境中，人们还有一种最后的自由，就是选择自己的态度。"

一般人都认为不可能的事，你却肯向它挑战，这就是成功之路了。然而这是需要信心的，信心并非一朝一夕就可以产生的。因此，想要成功的人，就应该不断地去努力培养信心。

没有自信，人们便失去成功的可能。自信是人生价值的自我肯定，是对自我能力的坚定信赖。失去自信，是心灵的自杀，就像一根潮湿的火柴，永远也不能点燃成功的火焰。许多人的失败不是在于他们不能成功，而是因为他们不敢争取，或不敢不断争取。而自信则是成功的基石，它能使人强大。

自信的态度在很大程度上决定了我们的人生，我们怎样对待生活，生活就怎样对待我们；我们怎样对待别人，别人就怎样对待我们；我们在一项任务刚开始时的态度决定了最后有多大的成功，这比任何其他因素都重要；人们在任何重要组织中地位越高，就越能达到最佳的态度。

人的地位有多高，成就有多大，取决于支配他的思想。消极思维的结果，最容易使人陷入消极环境的束缚当中。成功之路是信念与行动之路。

信心就存在于你的体内，是与生俱来的。只是现在我们陷于一种复杂混乱的状态中，把运用信心认为是一种冒险，所以不敢轻易尝试而已。

我们需要生活的动力来征服心头的纷扰、折磨、缺陷。我们本来很软弱，所以需要力量来支持。信心更能使我们坚强。

自信能最大限度地影响我们的生活、事业以及一切，并能让你成大事。脱颖而出者，是一个才华横溢、能力超群之士，那么你肯定会尽情发挥你自以为长的天赋，最终，你必将成为一名成大事者。

坚强的自信，便是伟大成功的源泉。不论才干大小，天资高低，成功都取决于坚定的自信心。相信能做成的事，一定能够成功。反之，不相信能做成的事，那就决不会成功。

笑能给人增添信心，这是多数人所经常体验到的。放声地笑，表明了"我有信心，我是一定能行的"。但要记住，培养起自己对事业的必胜信念，并非意味着成功便唾手可得。自信不是空洞的信念，它是以学识、修养、勤奋为基础的。

俄国大文豪托尔斯泰，有一次对另一位文学家高尔基说：人不能拒绝最基本的信心，应该对之加以重视。因为信心会影响自己的心灵，刺激积极的冲动，使自己最崇高的天性不遭受可悲的伤害。那些喜欢疑虑嘲讽的人，他们的心灵一定有毛病。

自信与骄傲仅仅一步之遥，骄傲是盲目的，自信是清醒的；骄傲更多的是留恋于已有的，自信则主要是关注未来。

高尔基曾说过："只有满怀自信的人，才能在任何地方都把自信沉浸在生活中，并实现自己的意志。"

许多人本来可以做大事、立大业，但实际上只能做着小事，过着平庸的生活，原因就在于他们自暴自弃，他们不怀有远大的希望，不具有坚定的自信。

与金钱、势力、出身、亲友相比，自信是更有力量的东西，是人们从事任何事业的可靠的资本。自信能排除各种障碍、克服种种困难，能使事业获得完满的成功。

有的人最初对自己有一个恰当的估计，自信能够处处胜利，但是一经挫折，他们却半途而废，那是因为自信心不坚定的缘故。所以，光有自信心还不够，更须使自信心变得坚定，那么即使遇到挫折，也能不屈不挠，向前进取，决不会因为一遇困难就退缩。

假使我们能把握住自己认为最崇高的信心，那么即使我们身处于逆境中，信心仍能支持我们。

坦然面对得失成败

英国政治家兼诗人李顿写道：

"在青年人的辞典中，根本没有'失败'这个词！"

成就大业不是轻而易举的事，要付出心血和代价，所以做事要谨慎小心，不可疏忽大意，一旦失败，要能够经受住失败的考验，控制住危险和复杂的局面，尽力去维持现状，不能惊慌失措。失败者往往有这样的心理，一者由于已经处于败势，不敢拼死一搏，害怕再度失败，那就会束缚住自己的手脚，失去反败为胜的机会。再者是失败了，不服输，不冷静地分析失败的原因，急于摆脱现状，结果贸然行动，反而招来更大的失败。这都是不能忍败的表现。失败本身并不可怕，可怕的是失败之后丧失了继续奋斗下去的决心和勇气。面对失败，不能气馁，要总结经验，再图胜利。

对人生美好的东西心存感激容易理解，而对失败心存感激，却是只有大智大勇的人才能够做到的。

爱迪生有句名言："失败也是我需要的，它和成功一样对我有价值。"爱迪生在发明蓄电池时，就曾失败了上千次。但他每失败一次便总结出几种物质不能做蓄电池。就这样一次次失败、一次次总结、一次次排除，使他向成功的目标一步步迈进。一天，一位朋友来看他，为他

失败是一次成功的实践

把失败看成一次成功的实践，从失败中有所收获，这是一种成大事者所具有的最佳心态，他们最懂得"失败乃成功之母"，往往会在失败的教训中获益，然后从失败中走向成功，实现最辉煌的转折。

你这是在写什么？

我在总结这次活动的教训，找出不足，以便以后改正。

如果你失败了，应该立即警醒，找出失败的根本原因，避免重蹈覆辙。学会坦然面对失败，有重新站起来的勇气，成功终会属于你。

的多次失败而惋惜。他却认为这是一种成功，因为他已总结出"好几千种物质是不能去做蓄电池的"。

如果我们太重视所有权，那么我们对所获得的福利便会顾虑太多，就不能安然享受了；如果我们觉得青春消逝便不能生存，那么在没有过好日子以前便衰老了。如果我们认为没有健康便不能过活，那么小小的痛苦便会令我们忧惧不已。只有懂得人家不向我欢呼，我仍能快活，才真正能体会到掌声雷动的快乐。当我们害怕时，失败往往已经离我们不远了。

瓦伦达是美国一个著名的高空钢索表演者，在一次重大的表演中，不幸失足身亡。

他在事故发生前曾对他的妻子说，这次太重要了，不能失败，绝不能失败。

而以前每次表演时，他只想着走钢索这件事本身，而不去管这件事可能带来的一切。

把失败看成一次成功的实践，从失败中有所收获，这是一种成大事者所具有的最佳心态，他们最懂得"失败乃成功之母"，往往会在失败的教训中获益，然后从失败中走向成功，实现最辉煌的转折。

你要在这次失败中吸取教训，下次不再犯同样的错误。只有从不反思的人才会在同一个地方被同一块石头绊倒两次，这样的人也不会从失败中把握未来，实现命运的转折。如果你失败了，应该立即警醒，找出失败的根本原因，避免重蹈覆辙。

学会坦然面对失败，有重新站起来的勇气，成功终会属于你。

马登年轻的时候，曾经在芝加哥创办一份教导人们成功的杂志，当时他没有足够的资本创办这份杂志，所以他就和印刷厂建立了合伙关系。后来事实证明这是一本成功的杂志。

然而，他却没有注意到他的成功，以及对其他出版商造成的威胁。在他不知道的情况下，一家出版商买走了他合伙人的股份，并接收了这份杂志。他离开芝加哥前往纽约，吸取了前次失败的教训后，在这里他又创办了一份杂志。

为了要达到完全控制业务的目的，他必须激励其他只出资、但没有实权的合伙人共同努力。他同样必须谨慎地拟订他的营业计划，因为现在他只能依赖自己的资源了。

就在不到一年的时间里，这份杂志的发行量，就比以往那份杂志多了两倍多。其中一项获利来源，是他所想出来的一系列函授课程，而这一系列的函授课程，就成了个人成功学的第一笔编纂资料。

人人都想成功，但人人都有可能遭遇失败。人在创业失败后，最重要的是做个输得起的人。

怨天尤人并不会带来好运，相反，它会让人觉得你是个输不起的人，即使你下一次创业时好运来临，别人也不会伸出援助之手。因此，失败后仍要保持风度，卧薪尝胆，以图再次创业成功。

成功和失败是可以相互转换的。取得了胜利，要善于保持，要忍受住由于胜利带来的喜悦，不能失去冷静，否则恃"成"而骄，失败也会接踵而至。

凡是胜利者，必定是经过千辛万苦才最终成功。取得成功不容易，保持它就更难。这是因为成功之后的喜悦常使人陷于骄傲自满的境地，失去冷静的头脑，不能正确地看待自己，也不能正确地看待对手。不能控制自己获得成功的喜悦，不忍成功，失败也会跟着来了。

有时候我们碰到的失败看起来是不可挽回的。其实，我们如果把目的弄明确，就会看到通向目的地的路不止一条。我们就可以换一条路试试，往往可以出奇制胜，殊途同归。

失败是对一个人人格的试验，在一个人除了自己的生命以外，一切都已丧失的情况下，内在的力量到底还有多少？没有勇气继续奋斗的人，自认失败的人，那么他所有的能力，便会全部消失。而只有毫无畏惧、勇往直前永不放弃的人，才会在自己的生命里有伟大的进展。

美国著名成功学家温特·菲力说："失败，是走上更高地位的开始。"许多人所以获得最后的胜利，只是受恩于他们的屡败屡战。对于没有遇见过大失败的人，有时反而让他不知道什么是大胜利。通常来说，失败会给勇敢者以果断和决心。

如果经过一番艰辛的拼搏，事业仍然成功无望，此时当事人便应进行深刻的分析，看看是主观原因的影响还是客观条件的制约，并采取相应的对策摆脱困境。

有些事本来是可以成功的，但当事人的办事方法选择不妥，有如缘木求鱼终不可得；或是有利条件利用不够，有如顺风行船只用双桨不扬帆；或是主观努力尚有欠缺，有如推车上坡进二退三，以致事业极不顺利。此时，当事人必须找出主观原因的症结，然后对症下药，以求力挽败局。

爱默生说："伟大高贵人物最明显的标识，就是他坚定的意志，不管环境变化到何种地步，他的初衷与希望，仍然不会有丝毫的改变，而终至克服障碍，以达到所企望的目的。"

要测验一个人的品格，最好是看他遇到逆境以后怎样行动。失败以后，能否激发他的更多的计谋与新的智慧？能否激发他潜在的力量？是增加了他的决断力，还是使他心灰意冷呢？

超前思考，变不利为有利。大凡人们办事，一般都会碰到一些有利条件，也会遇见一些不利因素。此时，当事人便应超前思考，力争将不利因素转化为有利条件，使事业增添胜算。例如，成功的人往往把损失看得淡如云烟。他相信相对于整体而言，损失的不过是小小的局部。他们心胸开阔襟怀坦荡，遇到烦恼不会不能释怀，不会老是对自己怨艾和指责，知道谁都有犯错的时候，他们勇于承认错误，并宽恕自己和他人，他只是采取行动来挽回损失。满心喜悦地做着自己能力范围内的事。

生命中，失败、内疚和悲哀有时会把我们引向绝望。但不必退缩，我们可以爬起来，重新开始。

许多人要是没有遇到逆境，就不会发现自己真正的强项。他们若不遇到极大的挫折，不遇到对他们生命巨大的打击，就不知道怎样唤起自己内部贮藏的力量。坦然地面对失败，才能向成功迈进。

第二篇

处世之道

第一章

方圆处世，讲究刚柔并济

真正领悟方圆之道的人，其处世方法必是刚柔相济，恩威兼施。刚柔平衡，外柔则要内刚，遇事能进能退，能屈能伸的人，则一定会有一番事业可以成就。

该刚则刚，当柔则柔

刚柔相济是一种交友处世的管理方法，它可使激烈的争论停下来，也可以改善气氛，增进感情。

东汉初年，冯异治理关中甚见成就，有人向刘秀打他的小报告说："异威权至重，百姓归心，号为咸阳王。"刘秀虽然并不相信这一套，但他也没有就此罢休，而是将这份报告转给了冯异。冯大为惊恐，连忙上书申辩，刘秀便抚慰他说："将军之于国家，义为君臣，恩犹父子，何嫌何疑，而有惧意！"这种效果显然比单独施恩或施威要好得多。

公元214年，刘备夺取四川后，诸葛亮在协助刘备治理四川时，立法"颇尚严峻，人多怨叹者"，当地的官员法正提醒诸葛亮，对于初平定的地区，大乱之后应"缓刑弛禁以慰其望"。诸葛亮认为自己的做法并没有错，他对法正说：四川的情况，与一般不同。自从刘焉、刘璋父子守蜀以来，"有累世之恩，文法羁縻，互相奉承，德政不举，威刑不肃。蜀土人士，专权自恣，君臣之道，渐以陵替"。现在如果用在他们心目中已失去价值的官位来拉拢他们，以他们已经熟视无睹的"恩义"来使他们心怀感激，是不会有实际效果的。所以，只能用严法来使他们知道礼义之恩、加爵之荣，"荣恩并济，上下有节，为治之要"。

曾国藩认为：人不可无刚，无刚则不能自立，不能自立也就不能自强，不能自强也就不能成就一番功业。刚就是使一个人站立起来的东西。刚是一种威仪，一种自信，一种力量，一种不可侵犯的气概。由于有了刚，那些先贤们才能独立不惧，坚韧不拔。刚就是一个人的骨头。人也不可无柔，无柔则不亲和，还和就会陷入孤立，四面楚歌，自我封闭，拒人于千里之外。柔就是使人站立长久的东西。柔是一种魅力，一种收敛。

大凡刚烈之人，其情绪颇好激动，情绪激动则很容易使人缺乏理智，仅凭一股冲动去做或不做某些事情，这便是刚烈人的优点，同时又恰恰是其致命的弱点。俗语说，"牵牛要牵牛鼻子"，有个成语叫"四两拨千斤"。讲的正是以柔克刚的道理。俗语说："百人百心，百人百姓。"有的人性格内向，有的人性格外向，有的人性格柔和，有的人则性格刚烈，各有特点，又各有利弊。然而纵观历史，我们不难发现，往往刚烈之人容易被柔和之人征服利用。为职者需善于以柔克刚。

不过"柔"也要有一定的尺度，当你想施恩于对方，打算做出让步之前，首先考虑你的让步在对方眼里有无价值。别人并不看重的东西，没必要送给他。若开始你就做出许多微小的让步的话，对方不仅不会领情，反而加强对你的攻势，因为他觉得你做出这些小的让步是有企图的，而且他们并不看重这些让步。

子路向孔子请教什么是刚强，孔子说："你问的是南方人的刚强，北方人的刚强，还是你这样的刚强呢？用宽厚温和的态度教育别人，不报复别人的蛮横无理，这是南方人的刚强，君子属于这一类。顶盔贯甲，枕着戈戟睡觉，在战场上拼杀至死而不悔，这是北方人的刚强。强悍的人属于这一类。所以，君子温和而不随波逐流，这才是刚强啊！君子中立而不偏不倚，这才是刚强啊！国家太平，政治清明时，君子不改变贫困时的操守，这才是刚强啊！国家混乱，政治黑暗时，君子一直到死不改变操守，这才是刚强啊！"

记得给别人留面子

人都爱面子，你给他面子就是给他一份厚礼。有朝一日你求他办事，他自然要"给回面子"，即使他感到为难或感到不是很愿意。这便是操作人情账户的全部精义所在。

有一次卓别林准备扮演古代一位徒步旅行者。正当他要上场时，一位实习生提醒他说："老师，您的草鞋带子松了。"

卓别林回了一声："谢谢你呀。"然后立刻蹲下，系紧了鞋带。

当他走到别人看不到的舞台入口时，却又蹲下，把刚才系紧的带子松开了。显然，他的目的是：以草鞋的带子都已松垮，试图表达一个长途旅行者的疲劳状态。演戏能细腻到这样，确实说明卓别林具有许多影视明星不具有的素质。

当他解松鞋带时，正巧一位记者到后台采访，亲眼看见了这一幕。戏演完后，记者问卓别林："您该当场教那位弟子，他还不懂演戏的技巧。"

卓别林答道："别人的好意我必须坦率接受，要教导别人演戏的技能，机会多的是。在今天的场合，最要紧的是要以感谢的心去接受别人的好意，并给以回报。"

美国作者戴尔·卡耐基在他的《人性的弱点》一书中，讲述了他批评他的秘书的技巧：

"数年前，我的侄女约瑟芬，离开她在堪萨斯城的家到纽约来担任我的秘书。她当时19岁，3年前由中学毕业，当时她的办事经验还不够多，但是现在她已经成了一名完全合格的秘书。……当我要使约瑟芬注意一个错误的时候，我常说：'你做错了一件事，但天知道这事并不比我所犯的许多错误还坏。你不是生来具有判断能力的，那是由经验积累而来；你比我在你的年纪时好多了。我自己曾经犯过许多低级的错误，我有绝少的意图来批评你和任何人。但是，如果你如此做，你不是更聪明吗？'"

这样，既指出了她的错误又能不伤她的面子，以后她则会更认真细心地工作。

卡耐基说：一句或两句体谅的话，对他人的态度做宽大的凉解，这些都可以减少对别人的伤害，保住他的面子。

有一位女士在一家公司任市场调研员，她接下第一份差事是为一项新产品做市场调查。她说道：

当结果出来的时候，我几乎瘫倒在地，由于计划工作的一系列错误，导致整个事情失败，必须从头再来。更不好对付的是，报告会议马上就要开始，我已经没有时间了。

当他们要求我拿出报告时，我吓得不能控制自己。为了避免大家嘲笑，我尽量克制自己，因为太紧张了。我简短地说明了一下，并表示我需要时间重新来做，我会在下次会议时提交。然后，我等待老板大发脾气。

结果出人意料，他先感谢我工作踏实，并表示计划出现一些错误在所难免。他相信新的调查一定准确无误，会对公司产生很大帮助。他在众人面前肯定我，让我保全了颜面，并说我缺少的是经验，不是工作能力。

那天，我挺直胸膛离开了会场，并下定决心不再犯错误。

当这位女士因犯了错误而愧疚不已时，老板的体谅和尊重给了她莫大的鼓励。懂得尊重别人的人才会受欢迎。

1917年1月4日，一辆四轮马车驶进北京大学的校门，徐徐穿过园内的马路。这时，早有两排工友恭恭敬敬地站在两侧，向刚刚被任命为北大校长的传奇人物蔡元培鞠躬致敬。只见蔡元培走下马车，摘下自己的礼帽，向这些校园里的工友们鞠躬回礼。在场的人都惊呆了，这在北京大学是从未有过的事情，北大是一所等级森严的官办大学。校长享受内阁大臣的待遇，从来就不把这里的工友放在眼里。像蔡元培这样地位显赫的人向身份卑微的工友行礼，在当时的北大乃至全国都是罕见的现象。北大的新生由此细节开始，树立了一面如何做人的旗帜。

有时候，给别人留面子能更好地解决任何人之间的问题。有一位夫人，她雇了一个女仆并告诉她下星期一上班。这位夫人给女仆以前的主人打过电话，知道她做得不好。当女仆来上班的时候，这位夫人说："亲爱的，我给你以前做事的那家人打过电话，她说你不但诚实可靠，而且会做菜，会照顾孩子，但她说你不爱整洁，从不将屋子收拾干净。

现在我想她是在说瞎话，你穿得很整洁，谁都可以看得到。我相信你收拾屋子一定同你的人一样整洁干净。我们也一定会相处得很好。"

后来她们真的相处得很好。女仆要顾全高尚的名誉，并且她真的顾全了。她多花时间打扫房子，把东西放得井然有序，没有让这位夫人对她的希望落空。

《圣经·马太福音》中说："你希望别人怎样对待你，你就应该怎样对待别人。"这句话被多数西方人视为待人接物的"黄金准则"。

真正有远见的人不仅在一点一滴的日常交往中为自己积累好"人缘儿"，同时也会给对方留有相当大的回旋余地。给别人留面子，实际也就是给自己挣面子。

身处弱势不气馁

然而，世上不可能有永远一帆风顺的事。只许成功不许失败，实际上背离了事物演进的法则。常言道，失败是成功之母。失败是登上成功顶峰的阶梯，人非生而知之，只有在经历失败之后，才会发现不足，才能获得提高。卡耐基说："迈向成功的路是由一次又一次的失败铺起来的。"

当你处于弱势的时候，不要气馁，凡事都会有转机，只要坚持努力，成功终会属于你。

李嘉诚在1998年接受香港电台访问时说道："在逆境的时候，你要自问是否有足够的条件。当我自己处于逆境的时候，我认为我条件足够！因为我有毅力……能建立一个信誉。"所以在创业之初，他并没有大量的扩大再生产的资金，在竞争十分激烈的商场上，他并没有气馁。

有一次，一位开发商看中了他的产品，约他第二天到酒店商谈合作。翌日，李嘉诚带着9款样品到批发商下榻的酒店。

批发商大为赞赏这9款样品，声言是他所见到过的最好的3组。望着李嘉诚通宵未眠熬得通红的双眼，批发商心里便明白了一切。

他拍拍李嘉诚的肩膀说："我欣赏你的办事作风和效率。我们开始谈生意吧？"

李嘉诚坦率直言说："谢谢您的厚爱。我非常非常希望能与先生做生意。可我又不得不坦诚地告诉您，我实在找不到殷实的厂商为我担

不气馁就是冠军

人行走时，难免鞋里要进沙子。进沙不要怕，怕的是你懒惰，不去倒出那粒沙子。

失败了而不气馁，重振精神方能成功，这正如行路时随时倒出鞋里的沙粒，能使人健步长行，成功常有。

大不了从头再来！

马上就要上台了，不要太紧张。

放心，我已经有了演讲失误时的对策，放心吧。

思想有准备，心理有承受力，就容易做到"胜不骄，败不馁"。学会随时倒出"气馁"那颗小沙粒，就有可能战胜气馁而成为冠军。

保，十分抱歉。"

接下来，李嘉诚诚恳地对批发商谈了长江公司白手起家的发展历程和现在的状况，请批发商相信他的信誉和能力。

李嘉诚的经商原则引起批发商的共鸣。批发商相信自己的判断，他确定合伙人就是这个诚实又有潜力的年轻人。他微笑着对李嘉诚说：

"你不必为担保的事担心了。我替你找好了一个担保人，这个担保人就是你自己。"

接下来，谈判在轻松的气氛中进行，很快签了第一单购销合同。按协议，批发商提前交付货款，基本解决了李嘉诚扩大生产的资金问题。

身处弱势而不气馁，仍坚持自己的理想与抱负的人古往今来大有人在，下面的例子是关于鬼谷子的两个徒弟张仪和苏秦的故事。

张仪，魏国贵族后裔，学纵横之术，主要活动应在苏秦之前，是战国时期著名的政治家，外交家和谋略家。战国时，列国林立，诸侯争霸，割据战争频繁。各诸侯国在外交和军事上，纷纷采取"合纵连横"的策略。或"合纵"，"合众弱以攻一强"，防止强国的兼并，或"连横"，"事一强以攻众弱"，达到兼并土地的目的。张仪正是作为杰出的纵横家出现在战国的政治舞台上，对列国兼并战争形势的变化产生了较大的影响。秦惠文君九年（前329年），张仪由赵国西入秦国，凭借出众的才智被秦惠王任为客卿，筹划谋略攻伐之事。次年，秦国仿效三晋的官僚机构开始设置相位，称相国，张仪出任此职。他是秦国置相后的第一任相国，位居百官之首，参与军政要务及外交活动。从此开始了他的政治、外交和军事生涯。

秦惠文王更元二年（前323年），秦国为了对抗魏惠王的合纵政策，进而达到兼并魏国国土的目的，张仪运用连横策略，与齐、楚大臣会于啮桑（今江苏沛县西南）以消除秦国东进的忧虑。张仪从啮桑回到秦国，被免去相位。三年，魏国由于惠施联齐，楚没有结果，不得不改用张仪为相，企图联秦、韩而攻齐楚。其实张仪的最终目的是想让魏国做依附秦国的表率。由于连横威胁各国，秦惠文王更元六年（前319年）魏国人公孙衍得到齐、楚、韩、赵、燕等国的支持，出任魏相，张仪被驱逐回秦。秦惠文王更元八年（前317年）张仪再次任秦相国。九年，秦惠文王接受司马错的建议，遣张仪、司马错等人率兵伐蜀，取得胜利，旋即又灭巴、苴两国。这样秦国占据了富饶的天府之国，有了巩固的大后方，为秦国的经济发展和军事战争，提供了有利条件。秦惠文王更元十二年（前313年）秦惠文王想攻伐齐国，但忧虑齐、楚结成联盟，便派张仪入楚游说楚怀王。张仪利诱楚怀王说："楚诚能绝齐，秦愿献商、於之地六百里。"楚怀王听信此言，与齐断绝关系，并派人入秦受地，张仪对楚使说："仪与王约六里，不闻六百里。"楚国的使臣返回楚国，把张仪的话告诉了楚怀王，楚怀王一怒之下，兴兵攻打秦国。秦惠文王更元十三年（前312年）秦兵大败楚军于丹阳（今豫西丹水之北），虏楚将屈丐等70多人，攻占了楚的汉中，取地600里，置汉中郡（今陕西汉中东）。这样秦国的巴蜀与汉中连成一片，既排除了楚国对秦国本土的威胁，也使秦国的疆土更加扩大，国力更加强盛。《史记·张仪列传》中说："三晋多权变之士，夫言纵横强秦者大抵皆三晋之人也。"无疑张仪是其中最杰出的一个。

鬼谷子的另一个徒弟苏秦，字季子，他出身低微，少有大志，曾随鬼谷子学游说术多年。后辞别老师，下山求取功名。苏秦先回到洛阳家中，变卖家产，然后周游列国，向各国国君阐述自己的政治主张，希望能施展自己的政治抱负。但无一个国君欣赏他，苏秦只好垂头丧气，穿着旧衣破鞋回到洛阳。洛阳的家人见他如此落魄，都不给他好脸色，连苏秦央求嫂子做顿饭，嫂子都不给做，还狠狠训斥了他一顿。苏秦从此振作精神，苦心攻读。他把头发束住吊在房梁上，用锥子刺自己的腿，"头悬梁，锥刺股"的典故便由此而来。一年后，苏秦掌握了当时的政治形势，开始二次周游列国。这回终于说服了当时的齐、楚、燕、韩、赵、魏六国合纵抗秦，并被封为"纵约长"，做了六国的丞相。当此时的苏秦衣锦还乡后，他的亲人一改往日的态度，都"四拜自跪而谢"。

人生不可能总是一帆风顺的，在处于弱势的时候要处变不惊，或蛰伏或争取，努力充实完善自己，成功则会指日可待。

妥协不是软弱

一个人一生中做得最多的事恐怕就是妥协。人无时无处不在妥协。

人生就是要不断地妥协，人际关系更是一种妥协，一种没有商榷余地的妥协。年轻气盛时，人们不愿正视妥协，以妥协为耻。殊不知妥协不仅是现实人生的一种理性，一种策略，一种绝高的社交智慧。

19 世纪中期的美国，在木材行业中，经营规模很大而又获得成功的人为数不多。其中经营得最好的莫过于费雷德里克·韦尔豪泽。

1876 年，韦尔豪泽意识到，如果没有伐木的权利，木业公司就会衰落，于是他就开始实行一个大规模购买林地的计划，他从康奈尔大学买进 5 万英亩土地，后来继续买进大量土地，到 1879 年，他管辖的土地大约有 30 万英亩。而正在此时，一个重要的木业公司——密西西比河木业公司吸引了韦尔豪泽的兴趣。该公司具有很多的土地及良好的木材，由于经营者方法不对，导致公司效益不好。于是韦尔豪泽决心收购该公司。在经过多次接触后，双方同意促成这个买卖。

在收购该公司的价钱上，双方展开了一场激烈的谈判。按该公司的要求，出价为 400 万美元，而韦尔豪泽千方百计想把价钱压得低一点。于是他派了一名助手直接与该公司谈判，要求只给 200 万美元，态度异常坚决，并大讲道理。在经过双方的激烈争执后，韦尔豪泽闪亮登场，以一个中间人的身份出现，建议二者都做出一些让步，并提出了自己的方案，声明：若就此方案也达不成协议，你们不必继续谈判。卖方正在苦恼之时，有些松动的迹象，自是欣喜。这样，只做了小的修改即达成协议，而买方所得的条件也比原来料想的好得多。最终以 250 万美元成交。

他的妥协收到的效果显而易见。从此，韦尔豪泽的事业如虎添翼，20 世纪初，费雷德里克·韦尔豪泽通过对木材业的各方面的控制，使他的公司发展成为一个强大的木材帝国。

妥协与让步在谈判中是一种常见现象。妥协与让步不是出卖自己的利益，而是为了获得更大利益放弃小利益，可见让步应该是必要的。但是，妥协与让步也要讲究原则与尺度。

不要过早妥协与让步。太早，会助长对方的气焰。待对方等得将要失去信心时，你再考虑让步。在这个时候做出哪怕一点点的让步，都会刺激对方对谈判的期望值。

你率先在次要议题上做出妥协与让步，促使对方在主要议题上做出让步。

在没有损失或损失很小的情况下，可考虑妥协与让步。但每次让步，都要有所收获，且收获要远远大于让步。

让步时要头脑清醒。知道哪些可让，哪些绝对不能让，不要因妥协与让步而乱了阵脚。每次让步都有可能损失一大笔钱，应掌握让步艺术，减少你的损失。

每次以小幅度妥协与让步，获利较多。如果让步的幅度一下子很大，并不见得使对方完全满意。相反，他见你一下子做出那么大的让步，也许会提出更多的要求。

有时候，妥协还可以保住性命。

大家可以从"杯酒释兵权"的故事中得到许多启示。

宋太祖赵匡胤黄袍加身建立北宋后，为防止被人夺权，就在一次宴席上对昔日为他打下江山的功臣们说："以前的日子多好！白天厮杀，夜晚倒头就睡。哪像现在这样，夜夜睡觉不得安宁！"众兄弟一听，关心地问："怎么睡不稳？"赵匡胤说："这不明摆着吗，咱们是把兄弟，我这个位子谁也该坐，而又有谁不想坐呢？"大家面面相觑，感到了事态严重。赵匡胤说："你们虽然不敢，可难保手下人不这么想。一旦黄袍加在你们身上，就由不得你们了。"大家一听，明白赵匡胤已在猜忌大伙了。吓得在地上叩头不敢起身，请求赵匡胤想个办法。赵匡胤说："人生短暂，大家跟我苦了半辈子，不如多领点钱，回家过个太平日子，那多幸福。"大家忙点头答应。

第二天，旧日的那些功臣们一个个请求告老还乡，交出兵权，领到一笔钱回家去了。

在日常生活中，学会适当妥协，可以让你避免许多麻烦。

美国人际关系学大师卡耐基常常带一只叫雷斯的小猎狗到公园散

步。他们在公园里很少碰到人，再加上这条狗友善而不伤人，所以，他常常不给雷斯系狗链或戴口罩。

有一天，他们在公园遇见一位骑马的警察。警察严厉地说：

"你为什么让你的狗跑来跑去而不给它系上链子或戴上口罩？你难道不知道这样犯法吗？"

"是的，我知道。"卡耐基低声地说，"不过，我认为它不至于在这儿咬人。"

"你不认为，你不认为！法律是不管你怎么认为的。它可能在这里咬死松鼠，或咬伤小孩。这次我不追究，假如下次再被我碰上，你就必须跟法官解释了。"

可是，他的雷斯不喜欢戴口罩，他也不喜欢它那样。一天下午，他和雷斯正在一座小山坡上赛跑，突然，他看见执法大人正骑在一匹红棕色的马上。

卡耐基想，这下栽了！他决定不等警察开口就先发制人。他说：

"先生，这下你当场逮到我了。我有罪。你上星期警告过我，若是再带小狗出来而不替它戴口罩，你就要罚我。"

"好说，好说，"警察回答的声调很柔和，"我知道在没人的时候，谁都忍不住要带这样的小狗出来溜达。"

"的确忍不住，"卡耐基说道，"但这是违法的。"

"哦，你大概把事情看得太严重了。"警察说，"我们这样吧，你只要让它跑过小山，到我看不到的地方，事情就算了。"他主动妥协让他逃过了责罚。

人们往往只强调毫不妥协的精神，事实上，学会妥协，在人际交往中十分重要。

人们要正视这个事实，学会妥协的睿智和技巧。事实上，人生极需要这种技巧、智慧和策略。在低调对待的妥协社交中，人们才会有双赢的可能，人们也才会避免两败俱伤的结果。学会妥协，是人生的大学问。其实妥协，就是以退为进的智谋。我们中国古人很懂这个道理，他们总是以表面上的退让、割舍和失败来换取对方的利益认可，从而在根本上保证了自己更长远或更大方面的利益。

大丈夫能屈能伸

能屈能伸是一个能成大器、获得成功的人必备的一项素质。

大丈夫根据时势，需要屈时就屈，需要伸时就伸。屈于应当屈的时候，是智慧；伸于应当伸的时候，也是智慧。屈是保存力量，伸是光大力量；屈是隐匿自我，伸是高扬自我；屈是生之低谷，伸是生之巅峰。

而说到能屈能伸我们不得不提到一位古人——韩信。

西汉时期的淮阴侯韩信受胯下之辱的故事值得我们每个人思考。韩信是淮阴人，自幼不农不商，又因家贫，所以衣食无着，想去充当小吏，却无一技之长，也未被录取。因此终日游荡，往往寄食于人家。他曾和亭长很要好，经常到亭长家里去吃饭，吃多了，也就惹得亭长的妻子厌烦。于是，亭长的妻子提前了吃饭的时间，等韩信到了，碗都已经洗过很久了。韩信知道惹人讨厌，从此不再去了。他来到淮阴城下，临水钓鱼，有时运气不佳，只好空腹度日。那里正巧有一个临水漂絮的老妇人，见韩信饿得可怜，每当午饭送来，总分一些给韩信吃。韩信饥饿难耐，也不推辞，这样一连吃了几十日。一日，韩信非常感激地对漂母说："他日发迹，定当厚报。"谁知漂母竟含怒训斥韩信说："大丈夫不能自谋生路，反受困顿。我看你七尺须眉，好似公子王孙，不忍你挨饿，才给你几顿饭吃，难道谁还望你报答不成！"说完，漂母竟拿起漂絮而去。

韩信受人赐饭之恩，虽受激励，但苦无机会。实在穷得无法，只得把家传的宝剑拿出叫卖，卖了多日，竟卖不出去。一天，他正把宝剑挂在腰中，沿街游荡，忽然遇到几个地痞，有个地痞有意给他难堪，嘲笑他说："看你身材高大，却是十分懦弱。你若有种，就拿剑来刺我，若

面对不公时，韬光养晦、隐忍不发是积蓄力量，静待一鸣惊人。

虽然你学历高，但我们公司有自己的规定，你只能从最底层开始做。

没关系，我会好好做的。

过小门必然弯腰，入穿巷只能侧身，不计较一时长短，方能够唱响人生精彩！

遭遇争辩时，主动示弱不仅能够缓解艰难处境，还能换取柳暗花明的机会。

不好意思，上次的事确实是我的不对，多多原谅！

是不敢刺，就从我的胯下钻过去。"说完，双腿叉开，站在街心，挡住了韩信的去路。

韩信打量了一会儿地痞，就爬在地下，径直钻了过去。别人都耻笑韩信懦弱，他却不以为耻。其实绝非韩信不敢刺他，因为他胸怀大志，不愿与小人多生是非，如果一剑把他刺死了，自己势必难以逃脱。所以，他审时度势，暂受胯下之辱。后来韩信跟刘邦南征北战，屡建奇功，被封为淮阴侯，并诚心地报答了那个漂母。

春秋时期，吴越两国相邻，经常打仗，有次吴王领兵攻打越国，被越王勾践的大将灵姑浮砍中了右脚，最后伤重而亡。吴王死后，他的儿子夫差继位。三年以后，夫差带兵前去攻打越国，以报杀父之仇。

于是夫差倾国出动，去征讨越国，在木叔山这个地方大败越军，越王勾践带着五千残兵败将逃到会稽山上。夫差率领大队人马追赶上去，夫差在船头亲自击鼓为将士助威。吴兵士气高昂，快速向越兵冲去，团团包围了会稽山。

这时，越王勾践觉得大事不好，就急忙和谋臣范蠡和文种商量。勾践对范蠡说："我后悔当初没有听从你的话，对吴国掉以轻心，才有今天之祸。"

范蠡说："现在说那样的话也救不了越国了，您只有带着礼物到吴国去认罪求和。如果他们不答应，那您只好给人家做奴隶，以求得人家的宽容。其他的事以后再说。"

勾践知道事情已经到了这种地步，还有什么可说的呢，只好先派文种带着大量的礼物到吴军中去求和。文种来到吴军阵中，跪在夫差面前，给夫差反复叩头，行臣子之礼。他说："我奉亡国之君的命令来给大王请安，冒昧地向您转达勾践的心愿。他愿意做您的臣子。他的妻子愿意做您的仆人，为大王日日夜夜服务。"

勾践作为亡国之君来到吴国，吴王让他们夫妻白天放养马匹，晚上为吴的先王守墓；夫差出行时，让勾践在车前牵马，受尽了羞辱。勾践把仇恨藏在心里，表面上对吴王十分恭顺，又经常贿赂伯嚭，请他在吴王面前多说好话。夫差一高兴，就放勾践回国了。

勾践从吴国回到越国，就尽心治国。他整天忧心苦思，为国操劳，食不甘味，睡不安席，一心致力于复国大业。他将一枚苦胆挂在自己的座位旁边，睡的时候看着它，休闲的时候也打量着它，吃饭之前，也要先尝尝这苦胆。他常常提醒自己："你忘掉了在吴国所受到的耻辱吗？"他亲自纺织，亲自种地，不吃肉食，只吃蔬菜，不穿华丽的衣服，和百姓们一样，只穿粗布衣衫。他放下国王的架子，谦虚待人，热情地接待四方宾客，所以在短短的几年时间里，就有大量有德行有智谋的人归顺越国。

就这样，经过了七年，越国的力量大增，越王勾践觉得时机已经成熟，就准备向吴国报仇。大夫逢同说："我看现在还不是时机。吴国目前是诸侯中力量最强的国家之一，我们不能轻易和他相斗。我们只能胜，不能败。凶猛的鸟袭击目标时，一定要善于隐藏自己的身体，对待吴国也是如此。现在许多国家都不满于吴国，我们可以联合楚、晋、齐三国。吴国的野心很大，如果这三个国家不听他们的，他们一定会发动战争，让这三个国家先和吴交战，我们利用它的疲惫再消灭它。"

勾践觉得这一想法很好，就采用了。又过了两年，果不出逢同所料，吴国征讨齐国，伍子胥哭着进谏："我听说勾践能和老百姓同甘共苦，这个人不除去，一定是我吴国的心头大患；而齐国之事对我们来说只是像身上长了个脓包。大王真是打错了对象，你应该先去攻打越国。"可是这时的夫差哪里能听进去这样的话，执意攻打齐国，得胜而归。他从战场回来后，讽刺伍子胥："我要是听你的，在家里睡大觉，哪里会有今天的胜利？"但是，伍子胥非常冷静，他说："大王不要高兴得太早了。"这句话差点没把这傲慢的国王气死，就大骂伍子胥，说他倚老卖老。经过10年的积聚，越国终于由弱国变成强国，最后打败了吴国，吴王羞愧自杀。

由此可见，能屈能伸才是真正的大丈夫，才能真正成就一番伟业。

顺应形势发展，保护自己利益

只按照自己的方法一意孤行，失败时便把一切过失都推给别人，这种做法也很常见，也是一种很自然的态度。有些人经年累月往前冲，往往不顾后果，常常同别人发生摩擦，事情愈弄愈糟。

其实，无论对人还是做事，我们都要看清形势，只有顺应形势的发展，才能保护自己。

美国著名作家欧·亨利曾写过一个故事：

一天晚上，一个人正躺在床上，突然一个蒙面大汉跳进阳台，走到床边。他手中拿着一把手枪，对床上的人厉声说道："举起手！起来，把你的钱都拿出来！"躺在床上的人哭丧着脸说；"我患了十分严重的风湿病，尤其是手臂疼痛难忍，哪里举得起来啊！"那强盗听了一愣，口气马上变了："哎，老哥！我也有风湿病。可是比你的病轻多了：你得这种病多长时间了，都吃什么药呢？"躺在床上的人把各类药都说了一遍。强盗说："那不是好药，那是医生骗钱的药，吃了它不见好也不见坏。"两人热烈讨论起来，尤其对一些骗钱的药物看法颇为一致。两人越谈越热乎，强盗早已在不知不觉中坐在床上，并扶病人坐了起来。

强盗突然发现自己还拿着手枪，面对手无缚鸡之力的病人十分尴尬，赶紧偷偷地放进衣袋之中。为了弥补自己的歉意，强盗问道："有什么需要帮助的吗？"病人说："咱们有缘分，我那边的酒柜里有酒和酒杯，你拿来，庆祝一下咱俩的相识。"强盗说："干脆咱俩到外边酒馆喝个痛快，怎样？"病人苦着脸说："可是我手臂太疼了，穿不上外衣。"强盗说："我能帮忙。"强盗替他穿戴整齐，扶着他向酒馆走去，刚出门，病人忽然大叫："噢，我还没带钱呢！"强盗说："我请客。"

如果那个人没有顺应当时的形势做出灵活的应付，强盗后来请他吃的也许就会是子弹了。

据司马光《涑水纪闻》载，有一天，宋太祖赵匡胤在后园里用弹弓打麻雀，玩得正高兴的时候，"有臣称有急事请见"，赵匡胤只好慌忙出来接见。谁知，所奏并非什么急事，不过是例行公事。赵匡胤很不高兴，责问这种小事有什么好急的？那位臣子也不含糊，不慌不忙地回答："总比打鸟要急一些吧？"赵匡胤一听火了，捞起根斧柄便打了过去，正好打在那人嘴上，碰落了两颗门牙。那人仍是不慌不忙地弯腰捡起牙齿，放到了自己怀里。见此情形，赵匡胤骂道："你拿上那两颗门牙，想告我的状吗？"对方回答说："我当然不能告您，不过，自然会有史官秉笔直书的！"赵匡胤听到这话，觉得有道理，不仅消了气，还赐给了那人一批金帛，向他表示慰问。

赵匡胤为了不在史书上留污点，顺应当时的情况，安抚史官。

第二章

方法圆融，沟通无碍

> 在人际关系中，沟通是必不可少的环节，在与人交往
> 中要掌握沟通的方圆尺度，方法圆融的沟通可以让人在人
> 际交往中如鱼得水。

融洽从学会倾听开始

倾听是表示关怀的行为，是一种无私的举动，它可以让我们离开孤独，进入亲密的人际关系，并建立友谊。

加州大学精神病学家谢佩利医生说，向你所关心的人表示你可能不赞成他们的行为，但欣赏他们的为人，这一点很重要。仔细倾听能帮助你做到这一点，认真听，并且要听全面的而不是支离破碎的话语，否则你会妄加评说，影响沟通。

谈话的目的是在于增进双方的了解，喜欢听别人说话，就是深入细致地了解对方的重要手段。所以，我们在听人说话的时候，必须仔细地把握对方说话的内容和从他的声调神态中流露出来的心情。

如果对方希望表现自己，你就尽量保持沉默倾听；等你发表你的意见时，他就会欣然地倾听了。通常打岔会令对方生气，以致阻碍了意见的交流。

好的倾听是一种积极参与的过程。好的倾听不是假装出来的。倾听

表示不只注意到说话者的内容，还包括了他的声调、语气及肢体语言：你听到了说出来的部分，也听到了没有说出来的部分。你听到了内容，也听到了表达者的情感。

倾听是你表现个人魅力的大好时机，你以你的倾听表示你对别人的尊重。

卡耐基建议："只要成为好的倾听者，你在两周内交到的朋友，会比你花两年工夫去赢得别人注意所交到的朋友还要多。"卡耐基在人际沟通的理解上有极大的天分。他认为，人如果常常专注在自己身上，以及老是谈论自己和自己关心的事情，他很难与其他人建立牢固的友谊。

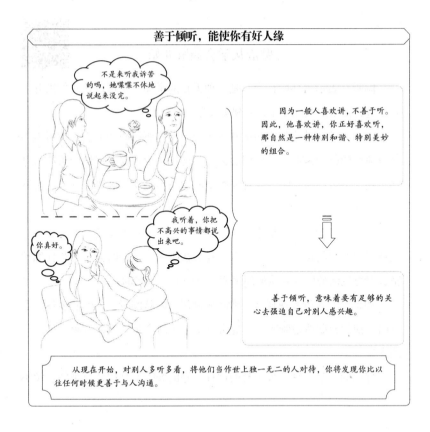

善于倾听，能使你有好人缘

不是来听我诉苦的吗，她喋喋不休地说起来没完。

因为一般人喜欢讲，不善于听。因此，他喜欢讲，你正好喜欢听，那自然是一种特别和谐、特别美妙的组合。

我听着，你把不高兴的事情都说出来吧。

你真好。

善于倾听，意味着要有足够的关心去强迫自己对别人感兴趣。

从现在开始，对别人多听多看，将他们当作世上独一无二的人对待，你将发现你比以往任何时候更善于与人沟通。

大卫·舒瓦兹在《大思想的神奇》一书中提到"大人物独揽聆听，小人物垄断讲话"。

所以，在别人说话的时候，静静地听着，不时加以回应，如点头或者微笑，在对方没有讲完以前不去打断他，这是一件非常非常受欢迎的事。

值得注意的是，你不能一边听，一边却胡乱地去想别的心事，以至于把别人的话都漏掉了。你要真真正正地去听，把注意力放在对方的身上，抓住他的每一句、每一字甚至把握到他讲话时的态度神情。你最好能够在事后准确地复述出对方所讲过的话，连对方用什么语调，说话时做了些什么手势，你都能记得清清楚楚。

大多数的交谈模式是由一个人说话，另外的人则在等待轮到自己说话的时机。所以，有许多等待说话的人完全没有用心听对方说话，因为他不是在暗暗地想着自己的心事，就是在等着要发言。

每个人多少都患有倾听却精神涣散的毛病。如果不注意倾听说话的内容，往往只是茫然地附和着对方音调的高低起伏。

事实上，听者的神态，尽在说者的眼里。如果你是认真地倾听，自然能给予说话的人以肯定的反馈（鼓励）。对方会认为你是一个理想的倾听者。做个忠实的听众，就是拥有了掌握人心的强劲武器。

美国知名主持人林克莱特一天访问一名小男孩，问他说："你长大后想要当什么呀？"小男孩天真地回答："我要当飞行员！"林克莱特接着问："如果有一天，你的飞机飞到太平洋上空时所有引擎都熄火了，你会怎么办？"

小男孩想了想："我会先告诉坐在飞机上的人绑好安全带，然后我挂上我的降落伞跳出去。"当在场的观众笑得东倒西歪时，林克莱特继续注视着这孩子，想看他是不是自作聪明的家伙。没想到，接着孩子的两行热泪夺眶而出，这才使得林克莱特发觉这孩子的悲悯之情远非笔墨所能形容。于是林克莱特问他说："为什么要这么做？"小男孩的答案透露出一个孩子真挚的想法："我要去拿燃料，我还要回来！"

林克莱特如果在没有问完之前就按自己设想的那样来得出结论，那么，他可能就认为这个孩子是个自以为是、没有责任感的家伙。

有一天猫妈妈对它的小猫说："宝贝，你要开始独立生活了，你要学会捕食，这样才能生存下去。"可是小猫不晓得该去捕什么东西吃，于是它就问妈妈，请妈妈来告诉它。猫妈妈说："我先不告诉你，你接连几晚上待在人家的屋檐下或是房梁上，你仔细地听就会明白的。"于是小猫就听妈妈的话乖乖地待在那里，果然晚上听见一个人对另一个说："哎，你把厨房的门关上了没有，猫的鼻子可灵了，小心它把鱼叼走了。"于是小猫就知道鱼是它们最爱的食物，第二天晚上小猫又听见一个女人对一个男人说："哎，你把香肠挂起来了没有，小心被猫叼走。"于是小猫知道了香肠也是它们爱吃的食物，这样一连几天，小猫知道了很多它们爱吃的东西，它很高兴，对妈妈说："哦，原来听一听别人的话就能知道很多的知识呢，我以后一定要多听别人说话。"

由此可见倾听的重要。同时认真地倾听比向别人喋喋不休地倾诉容易交到朋友。只有你闭上你的嘴巴，听别人向你讲话，你才是真正尊重和重视对方，那你也一定会得到对方情感上的回报。认真地倾听别人的诉说，能使对方很容易地喜欢上你，并成为你的朋友。做一个好的听者，会使你事业成功，也会使你交到朋友。跟你谈话的人对他自己需求的问题比你需求的问题感兴趣千百倍，当你下次与人交谈时千万别忘了这一点。当你在认真地聆听别人讲话时，你实际上在推销你自己。你的认真，你的全心全意，你的鼓励和赞美都会使对方感到你在尊重他、帮助他，当然你也会得到好的回报。

有的人能认真倾听别人的谈话，经常用这样一些话来附和"噢，是那样啊"或"那可是个有趣的话题"，并适时提问一些让人继续说下去的问题，这是交谈所必备的。

和这样的人交谈自然会热情高涨，交谈结束之后会有一种舒爽的心情，因为他能认真地听你说你想要的话题。

交谈时，说者和听者双方需要互相配合，才能使话题顺利地进行下去。

交谈方法和语言表达是紧密联系在一起的，注意听别人的谈话是建立良好人际关系的秘诀。

把握好说话的时机

俗话说，话不投机半句多。能否把握说话的时机，直接关系到一个人的说话效果。所谓时机，就是指双方能谈得开、说得拢的时候，对方愿意接受的时候。

当领导正为应付上级检查而忙得焦头烂额的时候，你却找他去谈待遇的不公，那你肯定不会得到满意的结果，甚至遭到训斥。掌握好说话的时机，才能提高办事的成功率。那么，什么时候与对方交谈和沟通才算抓住时机呢？

在对方情绪高涨时。人的情绪有高涨期，也有低谷期。当人的情绪处于低潮时，人的思维就显现出封闭状态；心理具有逆反性。这时，即使是最要好的朋友赞颂他，他也可能不予理睬，更何况是求他办事。而当人的情绪高涨时，其思维和心理状态与处于低谷期正相反，此时，他比以往任何时候都心情愉快，说话和颜悦色，内心宽宏大量，容易接受别人对他的求助，能原谅一般人的过错；也不过于计较对方的言辞，同时，待人也比较温和、谦虚，能不同程度地听进一些对方的意见。因此，在对方情绪高涨时，正是我们与其谈话的好机会，切莫坐失良机。

在对方喜事临门时。所谓喜事临门时，是指令人愉快、振奋的事情降临于对方时。如：对方在职位上晋升时；在科研上攻克难关，取得重大成果时；工作中成绩突出，受到奖励时；经济上得到收益时；找到称心伴侣、婚嫁或远方亲人来探望时，等等。常言道，"人逢喜事精神爽""精神愉快好办事"。在喜事降临对方时，我们上门找其交谈，对方会不计前嫌，而且会认为是对他成绩的肯定，喜事的祝贺，人格的敬重，从而也就乐意接受或欢迎你的到来，所求之事，多半会给你一个完满的答复。

中国文化历来讲究"礼尚往来""滴水之恩当以涌泉相报"。在你帮了他一个忙后，他就欠了你一份人情，这样，在你有事求他帮忙的时候，他必然要知恩图报。在不损伤对方利益的前提下，他能做到的事情，一般情况下会竭尽全力去帮助你。"将欲取之，必先予之"，托人办事的时机，我们是可以进行预先创造的。

若解决冲突应在对方有和解愿望时。伦理学原理告诉我们，绝大多数人都具有"羞恶之心"，这种"羞恶之心"体现在与他人发生无原则的纠纷之后，会对自己的行为自觉地反省。通过反省察觉到自己的过错之时，一种求和的愿望就会油然而生，并会主动向对方发出一系列试探性的和解信号。这时只要我们能不失时机地友好地找对方谈谈，僵局就会被打破，双方的关系也会重新"热"起来。因此，我们要善于捕捉对方发出的求和信息。例如，对方主动和我们接近、打招呼，与我们见面时由过去满脸阴云到"转晴"，或者暗中帮助我们排忧解难，等等。这时，我们就应该及时投桃报李，以诚恳的姿态、炽热的感情找其交谈。我们切不可视而不见，见而不说，说而不诚。否则，对方一旦认为求和试探失败，和解的愿望就会顿消，误解将会转化为敌意，将会出现严重对抗的局面。

说话方圆之道要求我们一定要把握好时机，时机对了才好办事，时机不对也不用急于开口，耐心等待一次机会，但切记：好机会不可让它溜走。

争论永远没有赢家

世上只有一种方法能从争论中得到最大的利益——那就是停止争论。你永远不能从争论中取得胜利。如果你争论失败，那你当然失败了；如果你得胜了，你还是失败的。这是因为，就算你将对方驳得毫无还手之力那又怎样？你感觉很好，但对方怎么认为？你使对方觉得脆弱无援，你伤了他的自尊，他不会心悦诚服地承认你的胜利。

波音人寿保险公司为他们的推销员定下一个规则：不要争论！完美、有效的推销，不是辩论，也不要类似辩论。因为争论并不能让人改变想法。

多年前有一位叫杰克的爱尔兰人，他因为喜欢和他人辩论，经常和顾客发生冲突，所以很难推销他的载重汽车。但后来他成功地成为纽约怀特汽车公司的一位推销明星。其中发生了什么故事呢？

下面由他自己来叙述他非凡转变的经过："假如现在我去向客户推

销汽车，如果他说：什么？你们的汽车？你白送给我，我都不要，我要买某牌的车。我便告诉他，某牌是一种好车，如果你买那种牌子的，你也不会错的。那个牌子为一家可靠公司所制造，推销员也很优秀。"

"于是他没有话说了。如果他说某品牌最好，我同意他的说法，他不能整个下午继续说某品牌最好了。然后我们离开某品牌的话题，我开始讲我们的车的优点。"

充满智慧的富兰克林常说："如果你辩论争胜，你或许有时候能够获得胜利；但这种胜利是得不偿失的，因为你永远无法得到对方的好感。"

因此，你自己好好考虑一下，你想要什么，只图一时口才表演式的胜利，还是一个人长时间的好感？

在你进行辩论的时候，你也许是绝对正确的。但从改变对方的思想上来说，你大概一无所获，所以说这种做法是不可取的。

美国总统威尔逊执政时的财政部部长威廉·麦肯锡，他将多年政治生涯获得的经验归结为一句话："只靠辩论是绝不可能使无知的人服气的。"

拿破仑的管家康斯坦常与拿破仑的妻子约瑟芬打台球。在他所著的《拿破仑私生活回忆录》中说："我虽然球技比她好，但我总是让她赢我，这样她会非常高兴。"我们要从康斯坦那里学到一个教训。我们要使我们的客户、合作伙伴在某些方面上胜过我们，使他们心情愉悦。

释迦牟尼说："恨不能止恨，爱却能止恨。"误会永远不能用辩论结束，它需用宽容与和解来使对方产生同情的欲望。

十次有九次的争吵结果是，每个人都更加相信自己是正确的。

在争论中你的意见可能是正确的。但要改变一个人的看法，你的努力大概会是徒劳的。

任何一个人，无论其修养程度如何，都不可能通过争论说服他。

下面是避免无谓争论的几条建议：

（1）欢迎不同的意见；

（2）先听为上；

（3）寻找双方意见的共同点；

（4）答应仔细考虑反对者的意见；

（5）为反对者关心你的事情而真诚地感谢他们；

（6）控制你的情绪；

（7）不要盲目相信直觉。

男高音歌唱家真·皮尔斯结婚将近50年了。他说："我太太和我在很久以前就订下了约定，不论我们对对方如何的愤怒与不满，也要一直遵守这项约定，这项协议是：当一个人大吼的时候，另一个人就要静静地听。很显然，当两个人都大吼的时候，就没有沟通可言了，有的只是刺耳的噪音，那太可怕了。"

要使你的思想深入人心，切记：从争论中获胜的唯一秘诀就是避免争论。

学会语言的"软化"艺术

委婉，或称婉转、婉曲，是一种修辞手法。它是指在讲话时不直陈本意，而用委婉之词加以烘托或暗示，让人思而得之，而且越揣摩，含义越深越远，因而也就越具有吸引力和感染力。委婉含蓄是说话的艺术，它体现了说话者驾驭语言的技巧，而且也表现了对听众想象力和理解力的信任。生活中有许多事情是"只需意会，不必言传"的。如果说话者不相信听众理解的能力而把所有的意思和盘托出，这种词意浅陋、平淡无味的话语不但会使人不悦，而且会使说话失去魅力。

"遁辞以隐意，谲譬以指事"（刘勰《文心雕龙·谐隐》），说话人故意说些与本意相关或相似的事物，来烘托本来要直说的意思。这是语言中的一种"缓冲"方法。尽管这"只是一种治标剂"（杰弗里·N. 利奇语）；但它能使本来也许是困难的交往，变得顺利起来，让听者或观者在比较舒坦的氛围中接收信息。因此，有人称"委婉"是公关语言中的"软化"艺术。

传说汉武帝晚年时很希望自己长生不老，一天，他对侍臣说："相书上说，一个人鼻子下面的'人中'越长，命就越长；'人中'长一寸，能活百岁，不知是真是假？"侍臣东方朔听了这话后，知道皇上又在做长生不老的梦了，不觉哈哈大笑。皇上见东方朔似有讥讽之意，面有不悦之色，喝道："你怎么敢笑话我！"东方朔脱下帽子，恭恭敬敬地回答："我怎么敢笑话皇上呢，我是在笑彭祖的脸太难看了。"汉武帝问："你为什么笑彭祖呢？"东方朔说："据说彭祖活了800岁，如要真像皇上刚才说的，'人中'就有八寸长，那么，他的脸不是有丈把长吗？"汉武帝听了，也哈哈大笑。这种委婉含蓄的批评，汉武帝愉快地接受了。

林肯一直以具有视觉效果的词句来说话。当他对每天送到他白宫办公桌上的那些冗长、复杂的官式报告感到厌倦时，他提出了反对的意见，但是他不是以那种平淡的词句来表示反对，而是以一种几乎不可能被人遗忘的图画式字句说出。"当我派一个人出去买马时，"他说，"我并不希望这个人告诉我这匹马的尾巴有多少根毛。我只希望知道它的特点何在。"这里，林肯婉转地表达自己的本意——不愿意批阅冗长复杂、毫无重点的报告，应该像买马人报告马的特点那样，抓住重点即可。林肯这种拐弯抹角的方法就是委婉法。

现代文学大师钱钟书先生，是个自甘寂寞的人。居家耕读，闭门谢客，最怕被人宣传，尤其不愿在报刊、电视中露面。他的《围城》再版以后，又拍成了电视，在国内外引起轰动。不少新闻机构的记者，都想约见采访他，均被钱钟书先生婉言谢绝了。一天，一位英国女士，好不容易打通了他家的电话，恳请让她登门拜见。钱钟书先生一再婉言谢绝没有效果，他就对英国女士说："假如你看了《围城》，像吃了一只鸡蛋，觉得不错，何必要认识那个下蛋的母鸡呢？"洋女士终于被说服了。

钱先生的回话，首句语义明确，后续两句："吃了一只鸡蛋觉得不错"和"何必要认识那个下蛋的母鸡呢"虽是借喻，但从语言效果上看，却是达到了"一石三鸟"的奇效：其一，是属于语义宽泛，富有弹性的模糊语言，给听话人以思考的余地；其二，是与外宾女士交际中，采用宽泛含蓄的语言，尤显得有礼有节；其三，更反映了钱先生超脱盛名之累、自比"母鸡"的这种谦逊淳朴的人格之美。一言既出，不仅无懈可击，且又引人领悟话语中的深意，格外令人敬仰钱老的大家风范。

可见，委婉含蓄主要具有如下三方面的作用：第一，人们有时表露某种心事，提出某种要求时，常有种羞怯、为难心理，而委婉含蓄的表达则能解决这个问题。第二，每个人都有自尊心。在人际交往中，对对方自尊心的维护或伤害，常常是影响人际关系好坏的直接原因；而有些表达，如拒绝对方的要求，表达不同于对方的意见，批评对方等，又极容易伤害到对方的自尊。这时，委婉含蓄的表达常能取得既能完成表达任务，又能维护对方自尊的目的。第三，有时在某种情境中，例如碍于某第三者在场，有些话就不便说，这时就可用委婉含蓄的表达。

这便是说话委婉含蓄的美妙之处。

关于委婉含蓄的表达，大致有如下几种方法：

（1）仔细研究事物之间的内在联系，利用同义词语表达自己的想法，达到含蓄效果；

（2）由外延边界不清或在内涵上极其笼统概括的语言来表达自己的意图，达到含蓄效果；

（3）有许多修辞方式可用，如比喻、借代、双关、暗示等，可以达到含蓄的效果；

（4）有些事情，不必直接点明，只需指出一个较大的范围或方向，让听者根据提示去深入思考，寻求答案，可达到含蓄的效果；

（5）通过侧面回答一些对方的问题，可以达到含蓄的效果。

最后，还要关注这样一种情况，使用委婉含蓄的话要注意，委婉含蓄不等于晦涩难懂，它的表现技巧首先是建立在让人听懂的基础上，同时要注意使用范围。如果说话晦涩难懂，便无委婉含蓄可言；如果使用委婉含蓄的话不分场合，便会引起不良后果。说话方圆之道要切实掌握好语言的"软化"艺术。

无声胜有声

沉默像乐曲中的休止符，它不仅是声音的空白，更是内容的延伸与升华。它是一种无声的特殊语言，是一种不用动口的口才。

法国有句谚语，雄辩如银，沉默是金。在我们的生活和工作中，有些时候确实是沉默胜于雄辩。与得体的语言一样，恰到好处的沉默也是一种语言艺术，运用好了往往会收到"此时无声胜有声"的效果。

卡耐基认为，如果你很想说话，就先问自己：你为什么想说话——

是为了自己，为了维护自己的利益，还是为了维护别人的利益。如果只是为了自己，那就努力保持沉默。

对失去理智的人最好的回答就是沉默。回答他的每一个词都会反过来落到你头上。以怨报怨——就等于火上浇油。

在特定的环境中，缄默常常比论理更有说服力。我们说服人时，最头痛的是对方什么也不说。

我们在许多情况下都会沉默，比如在双方交谈时，一方"不同意"对方的意见，却又不想直接表达出来，最好的方式就是沉默以对。尤其是在等级不同的人之间，地位较为低下者，比如下属往往会对不赞成的观点沉默以对，表达自己的困惑茫然和内心的不满。

"无言以对"的沉默包括两种情况，一种是"话不投机半句多"，这种沉默意味着双方都已不想交谈下去，都在努力设法尽快结束谈话；一种则是"此处无声胜有声"——谈话内容触动了双方的心灵，产生了共鸣，这种沉默可以持续较长的时间，双方尽情地享受这无言的心与心的交流。

沉默是金，有些人以为就是少说话。沉默并不是说要你成天板着脸，冷冰冰地让人难以琢磨，而是适时适度地运用沉默的力量。

不同的缄默方式有不同的作用，运用时必须恰到好处。

平平淡淡的缄默能发人深省。有些人态度很积极，但发表意见时不免有些偏颇，直截了当地驳回，又易挫伤其积极性，循循诱导又费时，精力也不允许、最好的办法便是平平淡淡地缄默。他说什么，你尽管听，不发表自己的见解，等他说够了，没什么想说的了，再用适当的不带任何观点的中性词和他告别："好吧！"或"你再想想。"别的什么也不说。如此，谈话过后他定然要竭思尽虑："今天谈得对不对？对方为什么不表态？错在哪里？"也许他会向别人请教，或许自己悟出道理。

"心照不宣"即心里明白但不说出，这也是保持沉默的一种方法。

在一座寺庙里，有一位德高望重的长老，他手下有一个非常不听话的小和尚。这个小和尚总是深更半夜越墙而出，早上天未亮再越墙而入。长老一直想批评这个小和尚，但苦于没有抓住证据。

这一天深夜，长老在寺庙里巡夜，在寺院的高墙边发现一把椅子。他知道必定是那个小和尚借此越墙到寺外。于是，长老悄悄地搬走了椅子，自己就在原地守候。午夜，外出的小和尚回来了。他爬上墙，再跳到"椅子"上。突然，他感觉"椅子"不似先前硬，软软的甚至有点弹性。落地后的小和尚才知道，椅子已换成了长老，小和尚吓得仓皇离去。

在以后的日子里，小和尚觉得度日如年，他天天都诚惶诚恐地等候着长老对他的惩罚，但长老对这件事只字未提。

小和尚觉得再也无法忍受了，他可不想每天都在煎熬中度过。于是，他鼓起勇气找到长老，诚恳地认了错，哪知长老宽容地笑了笑，说道：

"不用担心，这件事只有天知地知你知我知，你还怕什么？"

小和尚从此备受鼓舞，他收住心，再也没有翻过墙。通过刻苦的修炼，小和尚成了寺院里的佼佼者。若干年后，老和尚圆寂，小和尚成了长老。

转移话题的缄默能使人心领神会，对难以回答的问题保持缄默，而选准时机聊时下的热门话题很容易引起共鸣，使对方无法继续自己的话题，且从谈话中悟出道理，检讨自己。

适当的缄默能使人就范：某领导有一次交代给下属办一件较困难的任务，当然，他能胜任。交代之后，对方讲起了"价钱"。于是该领导保持了缄默。困难如何大，条件如何差，时间如何紧迫……说着说着他就不说了。最后说了一句："好，我一定完成。"

有时沉默不语能够出奇制胜，如果滔滔不绝，反而有理说不清。

林肯是一位勤勉好学的人，他通过自学，取得了律师营业执照。他在法庭诉讼中的能言善辩、机智灵活，赢得了人们普遍的赞誉。有一次，他竟一言不发地击败了原告律师，在诉讼中获胜。

在法庭上，原告律师滔滔不绝，把一两个简单的论据反反复复地讲了两个小时，法官和听众都显得十分不耐烦，一片议论声。有的人竟打起瞌睡来。最后，原告律师终于说完了，林肯作为被告律师登上讲台，但他却一言不发。台下一片肃静，人们都感到很奇怪。

过了一会儿，林肯把外衣脱下，放在桌上，然后拿起水杯喝口水，再把水放下，重新穿上外衣，然后又脱外衣又喝水。如此循环了五六次，法官和听众被林肯的哑剧逗得哈哈大笑，而林肯却始终未发一言，在笑声中走下讲台，他的对手最终被"笑"输了。

人们要学习怎样说话，而最主要的学问是怎样以及在什么时候保持沉默。比如阿拉伯有句俗语说的，你要说话时，你的话必须要比沉默更有益。也就是说，如果要说的话还不如沉默有益，那样最好保持沉默，这就是无声的方圆之道。

幽默是沟通的润滑剂

正如俄国文学家契诃夫所说："不懂得开玩笑的人，是没有希望的人。"具有幽默感的人，生活充满乐趣，许多看来令人痛苦烦恼之事，他们却应付得轻松自如，使生命重新变得趣味盎然。

人生路上，总会有些不如意，总会有些无奈。而幽默这种特殊的表达方式，可以淡化人的消极情绪，让我们脱离尴尬的窘境，让我们的心态在沉重的压力下得到缓解和休息。

人际关系，在大多数情形中是较为平和的。即使人与人之间存在意见分歧，不到万不得已，也无人愿意制造矛盾。在人际关系平淡的时候，如果想使相互的思想感情接近一些，我们不妨运用一下幽默，也许它会带来意想不到的好处。

有人把幽默比作社交中的佐料，这话很有道理。在社交场合中，那些最引人注目的人，往往是那些幽默风趣的人，他们常以自己的机智和幽默使大家开怀畅笑，大家也都分外地喜欢接近他们，愿意与他一起说笑聊天，度过轻松愉快的时光。而一个整天板着面孔、不苟言笑的人，或者一张嘴便是满口刻板的术语的人，是很难搞好人际关系的。

秦朝的优旃是一个有名的幽默人物。有一次，秦始皇要大肆扩建御园，放进珍禽异兽，以供自己围猎享乐。这是一件劳民伤财的事，但大臣们谁也不敢冒死阻止秦始皇。这时能言善辩的优旃挺身而出。他对秦始皇说："好，这个主意很好，多养一些珍禽异兽，敌人就不敢来了，即使敌人从东方来了，下令麋鹿用角把他们顶回去就足够了。"秦始皇听后，竟然展颜而笑，并收回了成命。优旃之所以成功地劝服秦始皇，主要是使用了幽默的力量。

正话反说，一方面保全了自己；而另一方面，又促使秦始皇在笑声中醒悟，达到说服他的目的。

老舍先生谈到幽默时说："幽默者的心是热的"，"和颜悦色，心宽气朗，才是幽默"。卓别林说："只愿以高明的举动去赢得别人的大笑，绝不肯用粗野的或庸俗的举动。"他们的话，都对幽默做出了很好的说明，换句话说，即以善意的心，机巧的智慧，使人们看到事物可笑之处，这才是幽默。可以说，幽默是社交语言中的高级艺术，不是一朝一夕就可以成为行家里手的。

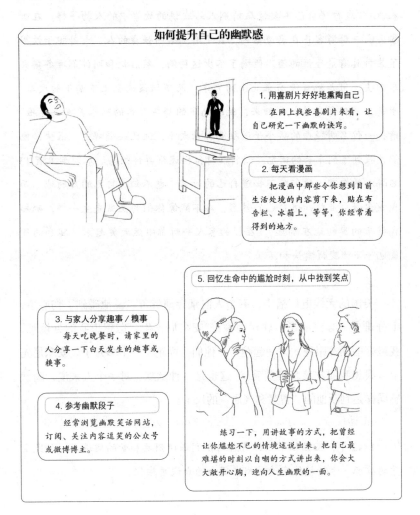

如何提升自己的幽默感

1. 用喜剧片好好地熏陶自己

在网上找些喜剧片来看，让自己研究一下幽默的诀窍。

2. 每天看漫画

把漫画中那些令你想到目前生活处境的内容剪下来，贴在布告栏、冰箱上，等等，你经常看得到的地方。

5. 回忆生命中的尴尬时刻，从中找到笑点

练习一下，用讲故事的方式，把曾经让你尴尬不已的情境述说出来。把自己最难堪的时刻以自嘲的方式讲出来，你会大大敞开心胸，迎向人生幽默的一面。

3. 与家人分享趣事／糗事

每天吃晚餐时，请家里的人分享一下白天发生的趣事或糗事。

4. 参考幽默段子

经常浏览幽默笑话网站，订阅、关注内容逗笑的公众号或微博博主。

当美国前总统威尔逊刚刚就任纽泽塞州的州长之时，曾参加了一次纽约南社的午宴，宴会的主席向大家介绍说："威尔逊将成为未来的美国大总统。"当然，主席先生是不可能有这样的预测力的，这不过是他的溢美之词而已。

于是威尔逊在称颂之下登上了讲台，在简短的开场白之后，他对众人说："我希望自己不要像从前别人给我讲的故事中的人物一样。在加拿大，一群游客正在溪边垂钓，其中有一名叫强森的人，大着胆子饮用了某种具有危险性的酒。他喝了不少这种酒，然后就和同伴们准备搭火车回去，可是他并没有乘北上的火车，而是错误地坐上了南下的火车。于是，同伴们急着找他回来，就给南下的那趟火车的列车长发去电报：请将一位名叫强森的矮个子送往北上的火车，他已经喝醉了。很快，他们就收到了列车长的回电：请将其特征描述得再详细些。本列车上有 13 名醉酒的乘客，他们既不知道自己的姓名，也不知道自己的目的地。而我威尔逊，虽然知道自己的姓名，却不能像你们的主席先生一样，确知我将来的目的地在哪里。"在座的客人一听都哄然大笑起来，宴会的气氛也一下子变得愉快和活跃。

美国的无线电广播中，有个人向某导演诉苦，说他碰到了伤心事，十分难受，导演听了，就对他说："安东尼先生，您想想我的处境吧，我最好的朋友跟我太太一起跑了，他们已经跑了一个多月了。安东尼先生，我想我朋友该多难受啊！"这也是一种幽默。对一个人来说，幽默感同样是判断他的"智慧和气质"的尺子。

1843 年，亚伯拉罕·林肯作为伊利诺伊州共和党的候选人，与民主党的彼德·卡特赖特竞选该州在国会的众议员席位。

卡特赖特是个有名的牧师，他抓住林肯的一个"小辫子"大肆攻击林肯不承认耶稣，甚至诬蔑过耶稣是"私生子"等，从而使林肯在选民中的威信骤降。

有一次，林肯获悉卡特赖特又要在某教堂做布道演讲了，就按时走进教堂，虔诚地坐在显眼的位置上，有意让这位牧师看到。卡特赖特认为又可以大肆攻击林肯一番了。所以，当牧师演讲进入高潮时，突然对信徒说："愿意把心献给上帝，想进天堂的人站起来！"信徒全都站了起来。"请坐下！"卡特赖特继续祈祷之后，又说："所有不愿下地狱的人站起来吧！"当然，教徒霍然站立。

就在这时，牧师又对教徒们说："我看到大家都愿意把自己的心献给上帝而进入天堂，我又看到除一人例外。这个唯一的例外就是大名鼎鼎的林肯先生，他两次都没有做出反应。林肯先生，你到底要到哪里去？"

这时林肯从容地站起来，面向选民平静地说："我是以一个恭顺听众的身份来这儿的，没料到卡特赖特教友竟然单独点了我的名，不胜荣幸。我认为：卡特赖特教友提出的问题都很重要的，但我感到可以不像其他人一样回答问题。他直截了当地问我要到哪里去，我愿用同样坦率的话回答：我要到国会去。"

在场的人被林肯雄辩风趣的语言征服了。后来，林肯顺利地当上了国会众议员。

幽默虽可以引人发笑，但不是取笑逗乐，为玩笑而玩笑。幽默产生的笑是建立在庄重、严肃基础上的笑，是含有严肃内容的笑。如果是比较粗俗地取笑逗乐，就是比较庸俗的了。幽默不是没完没了，那种耍贫嘴似的"幽默"方式，只会使人厌烦。幽默的人一般都心怀善意，他们想做的只不过是要多创造一份轻松快乐的氛围。但无论如何，幽默有伤人的可能，其界限是耐人寻味的。对于开玩笑和诙谐，必须随时记住会有伤人的危险性，而要小心翼翼不能踏错一步，否则便会适得其反。

在沟通中，要善于使用幽默的技巧，就需要具有一定的智慧。对于一个举止轻浮、孤陋寡闻的人来说，是很难生出幽默感来的。

具体来说，产生幽默的条件至少应包括以下几个方面：广博的知识和深刻的社会经验；敏锐的洞察力和丰富的想象力；优雅的风度乐观轻松的情绪；还要具备良好的文化素养和语言表达能力。

幽默是在善意的微笑中揭露生活中的矛盾的艺术，与讽刺有相似之处，但也有区别。讽刺是辛辣的笑，而幽默则是谐谑、善良的笑。

幽默需要谨慎。一句得体的幽默，会使人际关系和谐融洽，而一句不合时宜的幽默也会恶化人际关系，导致人际交往的失败。得体的幽默带来的感情冲击，能够消除人际间的误会和纷争。因此，幽默也是一种富有喜剧感染力和人情味的人际交往艺术。

幽默豁达可以带给你自信，只要努力去做，这种自信心就可以应用到其他任何方面，使你能信心百倍地去学习和工作。如果对某种特定的事物满怀着信心，同样地，也能对自己以及其他事物充满干劲和热忱。

有时想尽办法，也不能把自己的忧愁情绪消除殆尽。在这种情况之下，最有效的办法，莫过于先创造一个令人发笑的环境，不愉快的心情常会因阅读幽默小说或漫画，而在不知不觉中开朗起来，当然斗志也跟着旺盛起来。

在现代生活中，人们对幽默感的要求愈来愈多、愈来愈高了，因为现代化社会的高效率、快节奏的特点，使人们在工作中处于高度紧张状态，而在工作之余，大脑又很容易感到疲劳，这就很需要放松调节一下，于是也就需要多笑一笑，以调剂精神和保持情绪平衡，促进人际关系的和谐。

第三章

交友方圆有度

> 俗话说，出门在外靠朋友，朋友在我们的生活、工作中扮演了极为重要的角色。会交友，广交友，交好友，应该把握方圆的度，这样方能取朋友之利，助你一臂之力。

不以喜恶交朋友

俗话说，凡敌可恨，不可全敌。如果你总是喜欢挑剔别人，那么你的家人、朋友和同事中就有很多你看不顺眼的人。"以恶为仇，以厌为敌"是不行的，久而久之，你会无路可走，自身也会成为众矢之的。

交友方圆有度必须了解：

1. 世界上的人都是千差万别的，完全相同的人是不存在的

性格、爱好、观点、行为不一致的人在同一环境下生活相处，是很自然的。如果纯粹以个人的爱恶喜厌来选择交往的对象，那就只能生活在一个越来越狭窄的小天地里。

2. 要能容人之过

所谓"容过"，就是容许别人犯错误，也容许别人改正错误。不要因为某人有过失，便看不起他，或由此认定他是什么样的人，或从此另眼看待对方。

3. 和"小人"交往，并没有降低你的人格

或许你会觉得对于那些性格观点不一致的人，固然不应该以爱恶喜厌来处理同他们的关系；但对于那些品质和行为方面令你看不惯和不喜欢的人来说，和他过不去又有何妨呢？和他们交往岂不是降低了自己的人格？

就感情而言，这种人的确很令你憎恶和讨厌，但这并不等于一定要和他过不去，只要他不是讳疾忌医、不可救药的人，就更应当尽力和他沟通，满腔热情地接近他、团结他、感化他。这并不是降低人格，而恰恰显得你"人格高尚"。

4. 对小矛盾不必太较真儿

人与人之间，一般没有什么深仇大恨，特别是在办公室里更是这样。毕竟是同事，也算是合作伙伴，只要矛盾没有发展到水火不容境况，总是可以化解的。记住，敌意可以一点一点增加，也可以一点一点削减。中国有句老话：冤家宜解不宜结。相见就是缘分，既然同在一家公司谋生，整天低头不见抬头见，还是少结冤家为好。

当你感到不被尊重或者自己的利益被侵犯时，勿轻易动气。此外，也切记不要盛气凌人。

当然，在工作中，谁也难免会与人发生一些不愉快的事情，产生一些摩擦和碰撞，引起冲突。这时候，如果处置不当，就会加深矛盾，陷入困境，甚至导致双方关系越来越僵。特别是当与上司发生冲突时，问题就更复杂了。善于给自己留后路的人都懂得"冤家宜解不宜结"的道理。所以，对一些小矛盾，能过去的就让它过去算了，不必过于较真。

在生活中，志趣相同的人毕竟是少数，如果我们只与这些少数人来往，那么我们结交朋友的范围一定十分有限，只能是控制在一个极小的圈子里，不能够向外拓展，这不是聪明人所持有的交际态度。其实，与

各种类型的朋友交往，对我们自己非常有好处，就像我们总吃一样东西，只吃我们爱吃的东西，有很多有营养的物质我们都没有吸取，这就会导致营养不良。朋友也是一样，只与自己个性相同的人往来，我们的交往范围就会被局限，从而会束缚自己的发展。

每个人都有各自不同的性格特点，在人与人的交往中，如果我们要结交更多的朋友，就要与不同性格的人交往。"横看成岭侧成峰，远近高低各不同"，对于一个性格不同的人，我们要从不同的角度去看，这样我们看待问题就比较客观，才不会以主观的意志去盲目地衡量人、判断人。

与性格不同的人相处，不但可以拓展我们的社交圈，而且还可以在他们身上学到自己不具备的东西，通过与他们的交往，使我们了解的东西越来越多，知识越来越丰富，信息越来越广，看待问题也越来越深刻。总之，与不同性格的人交往，会使我们受益匪浅。

俗话说："多个朋友多条路。"在生活中，谁都难免会遇到困难，如果没有朋友的帮忙，会使自己孤立无援，得不到帮助，无法走出困境。一个人如果平时不注意结交朋友，在遇到困难时才想让别人伸出援助之手，就会为时已晚。

但是要赢得一份友谊也不是轻易的事，赢得友谊有方法：

1. 避免争论

你无法在争论中获胜，而只能树立论敌。卡耐基说，十之八九，争论的结果会使双方比以前更相信自己是绝对正确。你赢不了争论。要是输了，当然你就输了；如果赢了，你照样还是输了。如果你的胜利使对方感到丢了面子，你伤了他的自尊，他会怨恨你的胜利，而且，一个人即使口服，也未必心服。既然这样，何必去争论呢？

2. 承认错误

当我们对的时候，我们就要试着温和地、有技巧性地使对方同意我们的看法；而当我们错了就要迅速而积极地承认。在任何情形下，这样做都要比强词夺理的争辩有益得多。

3. 多说"是的"

与别人交谈的时候，不要以讨容易产生分歧作为开端，而要强调双方容易产生共鸣的事，以此打开话题。

自己多说"是的"，目的是引导对方也说"是的"。要使对方在开始的时候说："是的，是的。"尽可能避免使他说出"不"字。这样双方就达成一致。

4. 不要树敌

避免树敌的第一要领是，要承认自己也会弄错。承认自己错了，对方就会不好意思怪你，从而避免树敌。

如果对方错了呢？那也不要正面反对对方的意见。而要尊重对方的意见，不要直截了当地指出对方错了。

5. 让对方侃侃而谈

多数的人，要使别人同意他的观点，总是喋喋不休地说太多的话。尤其是推销员，常犯这种得不偿失的错误。

尽量让对方说话，这样你可以获得更多的信息。他对自己的事业和他的问题了解得比你多，所以，向他提出问题吧，让他多告诉你几件事。

让对方多说话，也是为了避免你显得比对方优越。法国哲学家罗西法古说："如果你要得到仇人，就表现得比你的朋友优越吧；但如果你要得到朋友，就要让你的朋友表现得比你优越。"

6. 让对方说出你希望他说的话

没有人愿意被强迫做事。没有人喜欢觉得他是被强迫购买物品或遵照命令行事。我们希望是出于自愿购买东西，或是按照我们自己的想法来做事。我们很高兴有人来探询我们的愿望、我们的需要，以及我们的想法。

所以，要让人接受某种想法，即使这种想法千真万确是属于你，你也要让别人觉得这个想法是他自己的。

7. 站在别人的角度看问题

有时候别人也许完全错了，但他并不认为如此。因此，不要责备他，只有不明事理的人才会去那么做。试着了解他，只有聪明伶俐、大度容忍、杰出的人才会这样去做。

别人之所以有某种想法，一定是出于某种原因。你不妨试着从他的角度来看一下问题。

关键时刻拉人一把

人的一生不可能一帆风顺，难免会碰到失利受挫或面临困境的情况，这时候最需要的就是别人的帮助，这种雪中送炭般的帮助会让他人铭记一生。方圆交友就要在关键时刻拉人一把。

"患难之交才是真朋友"，这话大家都不陌生。友谊，不仅仅是在那欢歌笑语中和睦相处，更是要在那困难挫折中互相提携，相濡以沫。有的人在无忧无虑的日常生活中，还能够和朋友嘻嘻哈哈地相处，可是一旦朋友遇到了困难，遭到了不幸，他们就冷落疏远了朋友，"友谊"也就烟消云散了。这种只能共欢乐不能同患难的友谊，不是真正的友谊。莎士比亚曾说过："朋友必须是患难相济，那才能说得上是真正的友谊。"列宁也说过："患难识朋友。"他们都十分珍视在患难中得到的友谊，把此誉为"真友谊""真朋友"。这是因为，友谊本身就意味着在困难时的忠诚相依。否则，友谊就毫无意义。

当朋友遇到了困难的时候，应该伸出友谊的援手。当朋友生活上艰窘困顿时，要尽自己的能力，解囊相助。对身处困难之中的朋友来说，实际的帮助比甜言蜜语强一百倍，只有设身处地地急朋友所急，帮朋友所需，才体现出友谊的可贵。

关键时刻拉人一把

　　虽然很少有人能做到"人饥己饥，人溺己溺"的境界，但我们至少可以随时体察一下别人的需要，时刻关心朋友，帮助他们脱离困境。

当朋友遭到挫折而沮丧时，你应该给予鼓励："这次失败了没关系，下次再来。"

当朋友出现意外，你应该亲切地询问他们，及时给予帮助。

　　这些适时送上的安慰和帮助会像阳光一样温暖受伤者的心田，给他们希望。

当朋友遭到了不幸的时候，应该伸出友谊的援手。例如，在朋友不幸病残、失去亲人、失恋的时候，就要用关怀去温暖朋友那冰冷的心，用同情去安抚朋友身上的创伤，用劝慰去平息朋友胸中的冲动，用理智去拨开朋友眼前绝望的雾障。

当朋友遭到打击、被孤立的时候，应该伸出友谊的援手。如果在朋友遭到歪风邪气打击的时候，你如果为了讨好多数，保持沉默，或者直接站在对立面，那就成了友谊的可耻叛徒。正如巴尔扎克的《赛查·皮罗多盛衰记》中所说的："一个人倒霉至少有这么一点好处，可以认清楚谁是真正的朋友。"一个好朋友常常是在逆境中得到的。假如你在遭到打击、被孤立的时候，有人与你本不熟悉，但却理解你、支持你，坚决同你站在一起，那你一定会把他视为挚友，会为找到一个真正的朋友感到高兴。

当朋友犯了错误的时候，应该伸出友谊之手。朋友犯了错误，自己感到羞愧，脸上无光，这是正常的，也是一种好现象。但是，担心继续与犯了错误的朋友交往会连累自己，因此而离开朋友，这是自私的。友谊的价值之一，就是帮助犯了错误的朋友一道前进。

友情的赢得往往也在关键的时刻，即当别人处于困顿的时刻，只要你在这关键时刻伸出援手拉他一把，你就获得了他的感激，所以友情的赢得也要抓时机，在这种时刻赢得的友情通常也能保持下去，而不是一时之交。

交友有礼

生活中，经常会有这样的事发生，一些本来很要好的朋友，最终还是散了，有的渐行渐远，有的则不欢而散。

虽然朋友失去了还可以再交，但新的朋友未必比老朋友好，失去友情更是人生中的一种损失。为了避免失去朋友，让多年的友情随风而散，方圆交友的原则值得深思——好朋友也要保持距离！

人与人之间的差异是必然存在的，交往的次数愈是频繁，这种差异就愈是明显，经常形影不离会使这种差异在友谊上起不到应有的作用。因此，交友不要过往甚密，一则影响着双方的工作、学习和家庭，再则会影响感情的持久。交友应重在以心相交，来往有节。

友谊不是爱情，你如果希望你的朋友像妻子一样对你忠贞不二是不可能的，爱越专一就越甜蜜，友谊则不一样，我们生活在大千世界里，不是仅有一条狭窄的胡同可走。友谊本来就是很多人的事，朋友多了苦恼会少，朋友少了苦恼会多。你应该看到这一点。你是这样，你的朋友也是这样。

密友之间交往的艺术与夫妻之间相处的艺术有些共同之处，正如一对处于"蜜月期"的新婚男女一样，当两人的蜜月期一过，便不可避免地触碰彼此的差异和缺点，并且这种差异表现得越来越多，结婚之前，他们一直在求同，眼里闪烁着的总是对方的优点，而经过一个阶段后，求同的动力变小，差异就显露出来。于是从尊重对方开始变成容忍对方，直至最后要求对方！当要求不能如愿，便开始挑剔、批评，然后争执不断。

过分依赖朋友会损害你和朋友的关系，这对双方都没有好处。朋友并非父母，他们没有指导和保护你的义务，他们能给你支持，但不可能代替你去决定，你必须清楚，他只不过是朋友而已。

你自己不能做决定，缺乏主见，就会使你受到朋友的意见的影响。为此，你应该立刻决定，摆脱对朋友的依赖。

有的朋友正相反，他们盛气凌人，在与朋友的交往中，总喜欢指手画脚，不管朋友的想法如何都要求朋友按照自己的意愿去做。这种做法无疑对友谊的发展是不利的。

如果你想对朋友说，"你应该""你不应该""你最好""你必须"，那么你无疑是想控制朋友的生活，这种做法，会使你的朋友感到很不愉快。

如果你是被控制的，不要认为有人为你操心一切是再好不过的了。控制你的朋友不是真正对你好的朋友。一旦你把自己从他的控制之下解放出来，就会出现奇迹，你和朋友就会变得平等。

朋友之间不能毫无顾忌。正如安全的地方，人的思想总是松弛一样，在与好友交往时，你可能只注意到了你们亲密的关系在不断增长，每天在一起无话不谈。对外人你可以骄傲地说："我们之间没有秘密可言。"但这一切往往会对你造成伤害。

好友亲密要有度，切不可自恃关系密切而无所顾忌，亲密过度，就可能发生质变，好比站得越高跌得越重，过密的关系一旦破裂，裂缝就会越来越大，好友势必会反目成仇。

莫打听隐私。朋友要保守秘密并不是对你的不信任，而是对自己负责。你同样也需要保守自己的秘密，这一切并不证明你和好友间的疏远；相反，明智的人会认为，如此双方的友谊更加可靠。

在你朋友觉得难为情或不愿公开某些私人秘密时，你也不应强行追问，更不能以你们的关系好而去偷看或悄悄地调查朋友的秘密，因为保守秘密是他的权利。一般情况下，凡属朋友的一些敏感性的事情，其公开权应留给他自己。擅自偷听或公开朋友的秘密，是交友之大忌。

给朋友面子。维护朋友形象是你和朋友都应该做到的。而现实生活中，牢记这一点的人并不多，以密友相称的人为了证明自己与友人的关系不分彼此，把当众指责、揭露当成开玩笑，往往导致友人的不满。

亲密的友谊，不应该是粗鲁的、庸俗的。在理解和赞扬声中，友谊会不断成长。

所以，如果你有一个好朋友，与其因为太接近而彼此伤害，不如适度保持距离，保持距离能使双方产生一种"礼"，有了这种"礼"，就会相互尊重，避免碰撞而产生矛盾。但运用这一技巧时，一定要注意一个"度"，如果距离过大，就会使双方疏远，尤其是现代商业社会，大家都在为自己的事业奔波，实在挤不出时间，这样很容易忽视了对方，因此一对好朋友也要经常彼此联系，了解对方的近况，偶尔碰面吃吃饭，聊一聊，否则就会从好朋友变成一般的朋友，也就相当于失去了一个好朋友。

发现能够助你成功的"贵人"

人人都可以成为你的贵人，在你生命之中的某一阶段、某个时刻、某一件事上，在你最需要帮助的任何时候，能够给你所需要的东西——哪怕只是一句话，一个眼神，一个微笑，他都可以因为改变你的人生而成为你的贵人。

我们为了成功而寻找的贵人就是能给我们提供展现个人能力空间的人，贵人是我们事业起步和发展的关键，是我们迈向成功的加速器。贵人不是有义务照顾我们的保姆，也不会坐在人生的某个十字路口等待我们，我们必须要有主动的态度去寻求贵人，而不是苦苦等待，并且适时选择，变换贵人。贵人相助，可以使你迅速脱颖而出，缩短成功的时间，还可以为你提供一定的庇护——就像一份保险。而贵人在哪里呢？就在你的朋友中。方圆交友要善于发现能助你成功的"贵人"。

威廉·比利·菲泽斯通是一位非常优秀的专业推销员，很善于做公关工作。20多年来，他一直与研究成功学的大师斯坦利博士是朋友。

　　一次，一家大型股份公司的资深副总裁和美国国内的销售经理要斯坦利博士在一个星期六的早上为在达拉斯的100名高级专业人员开一次专业讨论会。由于讨论会包括角色演示与情景分析，斯坦利博士邀比利前去参加。当时，比利正在向总部在达拉斯的J·G·彭妮商行推销女式运动服，包括蓝色牛仔裤。比利从斯坦利博士那里获取了那位国内销售经理的名字及联系方式，然后打电话给国内销售经理的秘书，知道了有关讨论会的具体地点和时间安排，并从秘书口中获悉那位销售经理赫尔曼先生的太太喜欢穿蓝色牛仔裤。在确定了赫尔曼太太的牛仔裤尺寸后，就指派资深的女裁缝特别加工了一打牛仔裤，送给了赫尔曼太太。正是比利，激起了赫尔曼先生的巨大热情，整个讨论会获得了很大成功。赫尔曼先生再次要求斯坦利博士举办另一次讨论会，也许是因为比利的蓝色牛仔裤，因为比利从没告诉过赫尔曼先生，是他送来的牛仔裤，他只在包装盒里放了一张字条，上面写着"汤姆·斯坦利赠"。结果，赫尔曼先生的公司购买了许多有关斯坦利博士讨论会的书籍、磁带和其他资料。朋友即是贵人，贵人就在朋友里。

　　让我们仔细回想一下自己的生活经历，重大的转折发生时，谁起了关键的决定性作用？这些人是你从家庭继承下来的世交呢，还是成年后自己逐渐结交的朋友呢？至少有一半是我们自己创造的朋友。社会在变化，世事在演化。我们和朋友都是由陌生到熟悉，再到深交。只有善于把陌生变成熟悉，我们的朋友才能越来越多。

　　俗话说："万事开头难。"与完全陌生的人开始一次交谈确实是很困难的。这里有一些技巧，但愿你能借此走近陌生人。

人的一生要有5种朋友

澳大利亚临床和教育心理学家、积极心理研究所的创始人格林博士认为，正如一个团队需要不同的角色和智慧一样，朋友圈的多样性也很重要。澳大利亚新闻网总结出的这5种朋友，是你人生中不可或缺的财富。

1. 随叫随到的朋友。

每个人都很忙，偶尔爽约可以理解，但如果约定被一推再推，难免让我们产生挫折感。因此，我们都需要一个随叫随到的朋友，只要一个电话，他就能立刻来到你的身边，给你安慰和鼓励。

2. 出类拔萃的朋友。

这样的朋友通常是某个领域的佼佼者，不仅能成为我们的榜样，激励我们进步，还有独到的眼光，能指出我们身上的优势和不足。

3. 直言不讳的朋友。

一个敢对你说实话的朋友必不可少。当你面对危机或犹豫不决时，这种直白往往能为你抽丝剥茧，吹开迷雾。

4. 无条件接纳你的朋友。

有一种朋友，对你无所不知。他了解你的生活、工作、情感，甚至知道你什么时候会发脾气。在他面前，你不必伪装，也不必多想。

5. 独立于交际圈的朋友。

当你的交际圈里出现问题时，一个圈外的密友便显得珍贵。

你不要试图谈一些有深远意义的或深奥的问题，只要谈一些简单、甚至琐碎的问题，或评论在你身边发生的事。你可以谈谈天气，市场上的菜价，而不是国际时局，经济走势。讲话要切中要点，不要琐碎而词不达意，这样会让人失去与你交谈的兴趣，避免一次发言过长，以免给他人留下说话唠叨、办事拖拉的印象，在谈话的过程中要少谈自己，多谈别人，这样才能调动对方的兴致。如果交谈双方观点差异，可以有所争论，但要避免产生不满的情绪或者选择避而不谈。

伦纳得·朱尼博士认为人们能否成为朋友，关键在于他们相互接触的第一个 5 分钟。日常生活中，的确有这样的体会，比如在旅途中，坐在你对面的人，如果你们一见面就开始交谈，那么这种交谈多半会继续下去，贯穿整个旅程。如果一开始就没有进一步接触的兴趣，往往就会一直沉默到分开之后。所以，如果你想接近一个人，那么不要放弃"第一个 5 分钟"，在这 5 分钟内，记住，要表现出友好和自信，热情和体谅。因为绝大多数人都喜欢那些喜欢他们的人。我们的人生，总是具有戏剧性的色彩，"有心栽花花不开，无心插柳柳成荫"用来形容人的机遇真的很合适，人生总是在一个与某人的偶遇时，一句话，一堂课都可以改变我们的生活。

有很多这样的人，"偶然"邂逅，认识某人，然后是新的成功的路途。当然不能靠投机的心理，却需要一颗有准备的心。有些人会关照"偶然"邂逅，有些人则不然。不相信这种相逢机会的人们，对它不会在意。懂得掌握机会的人们，平常就会做好接纳偶然相逢的心理准备。机会出现时，他就会千方百计抓住这样的机遇，抓住生命中的"贵人"，改变自己的命运。

一次，哈维·麦凯在一项募捐活动中见到总统的女儿。在接待队伍中见到这位年轻女孩大约 5 秒钟，他不能确定她是谁的女儿。因为杜鲁门、罗斯福、肯尼迪、约翰逊、里根、布什及克林顿，都至少有一个女儿。如果唐突地问："你是哪位总统的女儿？"简直就是世界第一号大傻瓜了，那会多尴尬。麦凯的事业需要总统女儿的帮助，所以他又不能错失这个机会。他只是简单地说，在她父亲选举时，自己曾帮助过他，最后一票投给了她的父亲。人们认得总统，却不一定记着他们的诸多子女。能够被认出来，并且是自己父亲的投票人，心理上先接近了不少。麦凯的募捐活动成功了。这位总统的女儿帮了他。

天下如果有飞不起来的气球，那是因为它没有被打气；天下如果有一辈子都不走运的人，那是因为他没有足够的人缘储备！生命中如果没有一个贵人出现，就会付出更多的艰辛。好好把握生命中的贵人。

朋友不可透支

俗话说："天有不测风云，人有旦夕祸福。"生活中难免遭遇困难，这个时候我们需要别人的帮忙。我们都知道朋友之义正如"为了朋友可以两肋插刀"所表达出的，朋友之间需要相扶相助。但是要明白一个道理，需要别人的帮忙是难免的，但没有人会帮人一辈子，没有人能一辈子靠别人的帮忙活下去。依靠朋友要方圆有度，否则友谊就可能变仇怨。

打个比方，朋友就像是消防队员，在你遇到紧急情况时才求助他们，自己能办到的事尽量靠自己。朋友不是你的影子，随时随地跟着你；朋友不是你的老师，发现你的错误就能及时指出，有问必答；朋友不是你的父母，可以无私地包容你的一切；朋友能做的，是在你有困难，而他们能帮得上忙时，伸手拉你一把。

请记住，朋友是一种资源，应该在最需要的时候用。朋友是消防队员，救急不救穷，这有两重意思，一是指如何利用朋友资源，指的是何时应该请求朋友的帮助；二是指应如何帮助朋友，有求必应说的是神佛，而非朋友。

朋友是一笔资源，可以使用却不宜透支。朋友之间交往最现实最常见的就是金钱问题。这里有一则故事：

张强是一个私营印刷厂的老板，有钱，人也特别好。李文和张强从小学到大学一直是同学，是好朋友。大学毕业三年后，两人的情况却相差悬殊，李文在一个县城中学当教师。当然这并未妨碍张、李二人继续做朋友。

因为张与李是好朋友，张强富有，而李文相对而言家境不好，李文的妻子是下岗职工，儿子力力正上小学，以李文一个人不多的工资来照顾这个家庭，生活过得很艰难，李文因此经常会向张强借一些小钱，以补家用。张强也不太在意这些小钱，几乎是有求必应，这样久了以后他们之间的朋友关系就不再平衡了。

俗话说吃人家的嘴软，拿人家的手短，李文难以用平等的心态对待张强，难免会产生不服、嫉妒、自卑的心理，想当年你我差不多，甚至你还不如我，凭什么你现在就可以大把大把地赚钱，我却只能靠跟你借钱来维持生活。本来应该有的感激之情也荡然无存，反而心怀恶意。

零星借来的钱被李文一家用掉了。本来没有这笔钱也可以过得去，少吃几顿肉也就罢了。张强的钱对他们的生活没有多大影响，但一旦借了些钱，李文近期又难以偿还，这对李文是一个心理上的负担，主要是对李文的自尊心有影响，这种情况长期持续下去，李文在张强面前慢慢就会失掉自尊，开始自卑。张强借钱是好心帮助他，却不一定会得到好的结果。

一段相当好的友谊就在这样的"透支"过程中消失了。只能说他们两个人都没有领悟这其中的道理。试想如果张强和李文一个不随意向好友请求帮助，一个不随意答应本就可以不必帮的忙，那么结局就不会是这样。

自己的生活要靠自己来打理，向朋友请求帮助一定要合情理，否则就会陷入失去友情的危机。

第四章

职场应对，方圆有术

> 职场如战场，真正懂得方圆的人，在职场上方能游刃有余，在竞争日益激烈的职场，审时度势，在该坚持原则维护自己利益的时候毫不退让；在形势不如意时，可以全身而退；在上司与下属之间，可以左右逢源。

实干敬业是闪光的金子

工作实干敬业就是付出努力，是我们用生命去做的事。你的成功、健康、幸福、财富就在你的挫败与痛苦之中诞生。

"付出多少，得到多少。"这是众所周知的因果法则。也许你的投入无法立刻得到相应的回报，也不要气馁，应该一如既往地多付出一点。

保持积极的心态，认真地投入，敬业地去做事情，不仅可以超越自我，发挥自己的潜能，而且还可以帮助我们顺利跨越成功的障碍。在没有别的绝对优势时，比别人多投入一些，更积极一些，再耐心一些，你就可以创造出比别人更多的优势来。

作为一名员工，要想驰骋职场，取得成功，除了尽心尽力做好本职工作以外，还要多做一些额外的工作。这会让你时刻保持斗志，在工作中不断地锻炼自己，充实自己，使你拥有更多的表演舞台，把才华适时地表现出来，引起别人的注意，得到老板的重视和认同。

在工作时，最重要的是使命感而不是环境。人有使命感，工作意愿也会更强烈，上进心也会更旺盛，也会更脚踏实地，工作时也会更加专注。高尔基曾说过："工作如果是快乐的，那么人生就是乐园；工作如果是强制的，那么人生就是地狱。"

大仲马的写作速度是惊人的。他一生活了68岁，至晚年著书1200部。他白天同作品中的主人公生活在一起，晚上则与一些朋友交往聊天。

有人问他："你苦写了一天，第二天怎么仍有精神呢？"

他回答说："我根本没有苦写过。"

"那是怎么回事呢？"

"我不知道，你去问一棵梅树是怎样生产梅子的吧！"

鲁迅先生说："我觉得，那么躺着过日子，是会无聊得使自己不像活着的。我总这样想，与其不工作而多活几年，倒不如赶快工作少活几年的好，因为结果还是一样，多活几年也是白活的。"

如何成为上司的得力助手

上司一般都把下属当成自己人，希望下属忠诚地跟着他，拥戴他，听他指挥。下属不与自己一条心，背叛自己，"身在曹营心在汉"，存有二心等，是上司最反感的事。忠诚，讲义气，重感情，经常用行动表示你信赖他，便可得到上司的信任。

当上司讲话的时候，要排除一切杂念，专心聆听。眼睛注视着他，不要埋着头，必要时做一点记录。他讲完以后，既可以稍思片刻，也可问一两个问题，真正弄懂其意图。最后简单概括一下上司的谈话内容，表示你已明白了他的意见。一定要记住，上司不喜欢那种思维迟钝，需要重复好几遍才能明白他的意图的人。

有时候，下属由于过度服从权威，因此上司随口说的一句话，被当成如山的军令。其实，如果上司无心的一句话被解读为"既定政策"、特定情况下的"变通办法"被诠释为标准程序的调整，或是"生气时的反应"被渲染成毫无转圜余地的最终立场，则反而会让上司感到骑虎难下。

传递上司的讯息时不应该避重就轻，身为下属有责任了解上司说话时的背景与动机为何。

有时候除了保留核心讯息之外，我们也必须调整表达方式，借以让受话者能够了解原意。

我们有责任帮助他人了解上司的用意，并且防止误解的产生，以免影响受话者的接受程度与执行力度。

将上司的指令当作圣旨，或是不经判断地草率执行，对上司而言都是有害无益的做法。

日本作家铃木健二说过这么一句话："在日本，对公司的职员来说，当今所需要的是独立思考的判断力，推测未来的洞察力和不畏失败的耐久力。"意志力一方面表现为对于面临的困境和来自外界的挫折具有较强的抵抗力，这是人成功必备的条件，是具有坚韧勇毅性格的一种表现；另一方面，意志力也是一种影响力，是人在人际交往中由于自身坚强的意志品性给外界留下的印象以及对于外界的影响，这是一种人格的魅力。

一般的上司都喜欢工作有热情的人，这样的人接受任务时不打折扣，勇于积极主动地克服困难，很少垂头丧气，或者唉声叹气，始终是保持一种高昂的工作热情，留给上司的总是"积极而又能干"的印象。

比如说提前上班所表现的工作热望，是一天开始你献给事业型领导的最好礼物。上班早就意味着你有工作渴望，能按时下班，则表明你能完成任务。工作热情是处理好与上司关系的一座桥梁。

在工作当中，每个人都可能会碰到这样的情况：刚刚开完一个会，上司便交代给你一项任务。这时，你会很自然地想到两个问题：第一，这是一件非常艰巨的任务，需要花费你很大的精力和时间，我能不能办？或者应该怎样去办？第二，向你布置任务的上司正在等待你的表态，等待你给他一个明确的答复，你是尽自己最大努力去做呢，还是对上司说"不"？

如果是有意识要考察你的话，那么应该说，他对你的能力和水平是了解的，对你能否完成任务，也是心中有数的。因此，你可以直接避开第一个问题，然后尽量用最短的时间来考虑第二个问题，用明朗的态度回答："好的，我一定完成任务！"或"我会尽最大努力去做！"等等。

任何上司都绝不仅仅满足于只听到满意的答复，他们更注重你完成任务的情况是否也同样令他们满意，动听的话谁都会说，漂亮的事却不是谁都会干，只有完成任务，才能真正让领导心满意足。所以，当你给了上司一个满意的答复之后。紧接着。你就应该脚踏实地、竭尽全力地去履行你对领导许下的诺言。

忠诚比能力更重要

对绝大多数领导而言，判断下属好坏的关键，往往在于其能够循规蹈矩，彻底奉行领导的意志，而至于能力，倒是在其次。不违背自己的意志、完全死忠于自己的人，才不会给自己造成威胁。对他们来说，忠心才是第一，能力不是问题。反过来说，从某种程度上，那些能力高而自由意志太强的下属，正是领导们的大忌。领导者们正是处于这样的两难之中：太能干的下属不敢用，用了又不敢充分授权。经过对利害关系的仔细斟酌，他们一般都会把真正的权力下放给没有特别强的能力，但是却绝对忠于自己的下属。因此，对于一个下属来说，如果你想得到领

导的欢心，赢得他的信任，最为关键的一点在于：无论你才能有多高，千万要表现出对领导的忠心。

卫青是西汉武帝时期的重要将领，他率军与匈奴作战，屡立战功。后来，他成为汉朝最高军事将领——大将军，并被封为长平侯。尽管如此，卫青从不结党干预政事，从不越权。汉武帝刻薄寡恩，杀大臣如杀鸡，卫青自是在他手下战战兢兢，冷汗直流。然而，卫青却最终从容逃过大劫，无灾无难地以富贵终老。

一年，卫青率大军出击匈奴，右将军苏建率几千汉军和匈奴数万人遭遇，汉军全军覆没，只有苏建一人逃回。卫青召开会议，商讨如何处置苏建。大多数将领建议卫青杀苏建以立军威。但卫青却认为，作为人臣，自己没有权力擅自专权，在国境之外诛杀副将。于是，最后把问题交与汉武帝处理，也借此显示自己不敢专权恣纵。武帝把苏建废为庶人，对卫青也更加宠信，而苏建对卫青的不杀之恩也感恩戴德。

光从这次卫青处理苏建事件的手腕上，就可以看出卫青的高明智慧。卫青虽然立有大功，但从不恃功自傲，从来都是谦虚谨慎，事事顺从武帝旨意，从不越权，以防武帝猜疑。一般诸侯都会招贤纳士，但卫青深知武帝不满意诸侯这么做，于是从不敢招贤纳士。正因为处处注意，时时小心，卫青才可以做到功盖天下而不震主，手握重兵而主不疑，最终能够富贵尊荣、寿终正寝。

南北朝时期，宋明帝刘彧因为从侄儿刘子业手上抢来江山，得位不正，难以服众，所以一上台就为应付各地造反搞得焦头烂额。处于这样的危急关头，自然需要大量的军事人才。吴喜就是在这样的情况下毛遂自荐，而且一出马就为宋明帝立下了大功。

吴喜本是文人，曾任河东太守。他性情宽厚，在任期间，秉公执法，广施仁政，因此很受百姓爱戴，人们都称其为"吴河东"。由于吴喜深受百姓拥护，所以早年的流民造反，都被他打败。在平叛藩王率领的三千大军时，吴喜只带了数十人，经过一番诚恳的劝说，就让叛军自动归附。从这一点来看，吴喜的才能丝毫不亚于古代那些著名的文臣武将。而这次吴喜向刘彧自荐平叛，刘彧也只给他区区不足300兵马。可没想到，吴喜一进入敌人的地盘，当地百姓一听吴河东来了，竟纷纷归顺。这样，吴喜不但轻易平定了叛乱，而且还生擒了76个士兵和叛将，除了当场斩首了17个首恶外，其余全部被吴喜赦免了。

按道理说，刘彧刚即位，就得到这样一位智勇双全的大将，应该感到万幸才是，但是事实却并不如此。吴喜并没有因为建立了大功而得刘彧的宠爱，反而为自己埋下了杀机。当初吴喜出征时曾对刘彧说，抓到叛将，不论首从，他都将就地正法，以正纲纪。刘彧嘴上并没有说什么，但是心中却暗暗叫好，因为他也正希望吴喜这么做。不料最后，吴喜却违背了他的意志，未经他的同意就私自赦免战俘。刘彧认为，吴喜这么做，无非是想获取人情、笼络人心罢了，这种人，势必对自己造成很大的威胁，岂能容他?! 果然，没多久，刘彧就找了一个借口，将吴喜赐死了。

唐朝大将李功，战功赫赫，是凌烟阁二十四功臣之一，在唐太宗武将之中的地位，仅次于李靖。不消说，这样的一位重臣，太宗自然格外器重。

然而，太宗在临死之前却给太子李治留下遗言说："现在能帮你安定天下的武将，除了李功之外，别无二人。但是你对他没有恩，我恐怕他对你怀有二心。我现在把他外放，如果他立即启程，你登位后，就马上把他召回，这样你就算是有恩于他了，他也必定会感激于你，为你效命。如果他有半点犹豫的话，就表明他有二心，你必须赶紧杀了他，否则后患无穷。"辛亏李功聪明，他很快便明白了个中奥妙，因此一接到命令，连家也不回，就立刻回马上任，这才保住了一条老命。

很多人认为卫青的举止似乎过于谨慎，其实不然。汉武帝雄才大略、武功赫赫，但是也专断独行，桀骜自恃，对于那些犯了他的忌讳的人，无论才能多高，他都可以毫不手软地予以诛杀。卫青对此十分清醒，因此不管自己能力再高，权力再大，也要表现得很忠诚。正因为如此，卫青才能在这样的一位领导手下保全自己，无灾无难地以富贵终老一生。

吴喜则正好相反。他能够轻易对付战场上的敌人，但是却没有弄清楚刘彧最想要的是什么。在吴喜看来，他之所以释放叛将，完全是一片仁心，而且这么做，说不定还能为皇帝获取人心，多争取一些人才，但他万万没有想到，他的领导刘彧却是历史少见的刻薄寡恩的老大之一，只要是违背了他的意志，即使对于那些有功、有恩于他的人——不管功劳多大，他也会毫不留情地除掉，更别说委以重任了。

从李世民对待李功的例子中，也可以看出领导者心中想的究竟是什么。李功一生有无数的忠义之行，然而还是遭到李世民的猜忌，这正将手握权柄的领导者们对待属下的心态表露无遗：无论在什么时候，无论下属才能有多高、功劳有多大，他们都在防备着，一旦有不忠心的行为出现，就会毫不留情地把他除掉。

与同事相处有道

在公司里，同事可以说是和自己处境相同的人。有什么怨言或有什么烦恼的时候，可以选择性地向你的同事倾诉。

不管你工作的环境怎样的不顺心，遭遇怎样的坏，但你仍然是可以在你的举止之间，显示出你的亲切、和蔼、愉快的精神，使同事于不知不觉之间来亲近你。

人格优秀、品格高尚的人，不仅受同事欢迎，而且能得到同事的帮助。你可以将你自己化作一块磁石来吸引你所愿意吸引的任何人物到你的身旁——只要你能在日常工作中处处表示出乐于助人、愿意帮忙的态度。一个只肯为自己打算盘的人，会到处受人摒弃。

吸引同事的最好方法就是显示出你对他们是很关心、很感兴趣的。但你不能做作，你必须真正关心别人、对别人感兴趣，否则，别人会认为你很虚伪。

与同事相处有道的方法如下：

为得到对方的共鸣，必须对对方的话有所回应。

夸奖的言辞要能满足对方的自我意识。当对方对自己的赞美有良好反应时，不要就此结束，而必须改变表达方式一再地赞美。

对具有绝对信心的人加以贬抑，反而能更加亲密。

有意忽视在事前听到的有关对方的传闻，而从另一方面赞赏他。

与有自卑心理和戒备心理的人第一次会谈是很困难的，要拆除对方心理上所筑的防卫墙，应表现得平易近人。

听对方的笑语而发笑，比自己说笑话更容易使关系融洽。

同时，办公室也是一个是非场所，每天都在发生着各种各样的是非。这些是非有的是关系到你的，有的是你的同事之间的，有些是非是一些小事，有一些是关系到上司的……面对这些是是非非，该怎么办呢？最好的办法是：远离是非。

中国人常用这么一句话来排解争吵者之间的过激情绪：有话好说。这是很有道理的。据心理学家分析，争吵者往往犯三个错误：第一，没有明确清楚地说明自己的想法，含糊，不坦白；第二，措辞激烈、专断，没有商量余地；第三，不愿以尊重态度聆听对方的意见。另一项调查表明，在承认自己容易与人争吵的人中，绝大多数不承认自己个性太强，也就是不善于克制自己。

相互之间有了不同的看法，最好以商量的口气提出自己的意见和建议，评议得体是十分重要的。应该尽量避免用"你从来也不怎么样……""你总是弄不好……""你根本不懂"这类绝对否定别人的消极措辞。每个人都有自尊心，伤害了他人的自尊心，必然会引起对方的反感。即使是对错误的意见或事情提出看法，也切忌嘲笑。幽默的语言能使人在笑声中思考，而嘲笑使人感到含有恶意，这是很伤人的，真诚、坦白地说明自己的想法和要求，让人觉得你是希望得到合作而不是在挑别人的毛病。同时，要学会聆听，耐心、留神听对方的意见，从中发现合理的成分并及时给予赞扬或同意。这不仅能使对方产生积极的心态，也给自己带来思考的机会。如果双方个性修养思想水平及文化修养都比较高的话，做到这些并非难事。

藏起你的锋芒

一个人若无锋芒，那就是庸人，所以有锋芒是好事，是事业成功的基础，在适当的场合显露一下很有必要。但锋芒可以刺伤别人，也会刺伤自己，运用起来应该小心翼翼，平时应插在刀鞘里。所谓物极必反，一个人的锋芒过分外露既不容易达到事业成功的目的，也不容易推动晋升机会。

"花要半开酒要半醉"这句话的喻义是一个人活在这个世上，不要锋芒太露，才能防范别人，保存自己。这是很有道理的。凡是鲜花盛开娇艳的时候，不是被人立即采摘而去，就是衰败的开始。

人都是有嫉妒心的，而小人，嫉妒心更强，他们更多地表现在嫉贤妒能上。因而，如果你才高五斗，但不善于隐藏，锋芒外露，就很容易把别人的锋芒压下去，得罪人，并为人所妒忌，最终可能会给自己带来许多麻烦。

在职场中存在着这样一种自视颇高的人，他们锐气旺盛，锋芒毕露，处事常常不留余地，待人总是一副盛气凌人的样子，有十分的才能与智慧，就十二分地表现出来。他们往往有着充沛的精力、高涨的热情，对自己和别人都要求很高。但这种人却往往在人生旅途上屡遭波折。

大多数上司都不会太喜欢那些锋芒超过自己的下属。他们喜欢下属跟着自己走，但却不喜欢下属跑得比自己快。如果你的智力、精力、能力等超过他们，可能会让他们感到不安，感到威胁，所以常有"枪打出头鸟"的做法。

汉代有一位名士叫贾谊，他对《诗经》过目不忘而闻名于郡中。吴廷尉当时任河南太守，听说贾谊很有才华，就把他收到门下，并且对他很是欣赏。孝文帝刚登基时，听说河南太守吴公很有政绩，并且此人原来与李斯同邑，曾是李斯的学生，于是就任他为廷尉。廷尉在孝文帝面前举荐贾谊，说他熟读百家之书，孝文帝任命贾谊为博士。

当时，贾谊才20多岁，风华正茂。每次召集大臣们开会时，各位老臣认为能力比不上贾谊，孝文帝很高兴能拥有贾谊这样富有才华的人，便越级提拔他。贾谊在一年之内就做了太中大夫。

贾谊认为汉朝当时天下已经太平，因此应当改正朔，易服色，法制度，定官名，兴礼乐。他还自作主张，草撰了新的仪规礼法，认为汉代的颜色应以黄为上，黄即土色，土在五行中排行第五，故数应用五，还自行设定了官名，把由秦传下来的规定全都改了。虽然孝文帝刚即位，

在职场上要保护好你的隐私

喜欢聚集在一起交头接耳说长论短的人，通常在开始的时候都是随口说说，然后他们的话在被转述的过程中就好像是发酵了一样越来越膨胀，最后演变成不可收拾的局面。

你听说了吗？那个王秘书好像和我们人事经理……

1. 办公室里"安全第一"

即使是相对宽松的工作环境，也还是要以工作为重。公私分明的员工是老板最欣赏的类型。

听说你和你老公最近老是吵架，现在怎么样了？

挺好的，没事。

2. 拉近同事关系不必交换隐私

有的人会认为关心别人的私事是一种关系亲密的暗示，或者是导向亲密关系的途径。事实上有些东西是不方便与人分享的。

不能一下子都按贾谊的意见去办，但却认为贾谊可担任公卿。大臣周勃、灌婴、东阳侯张相如、御史大夫冯敬时等贵族都因此而忌恨贾谊，常常在文帝面前说贾谊的坏话。"年少初学，专欲擅友，纷乱诸事。"于是，孝文帝疏远了他，不愿意再采纳他的建议，但让贾谊当长沙王的陪读太傅。

过了一年多，文帝召见了贾谊，与他长谈到半夜，然而"不问苍生问鬼神"，贾谊当时不能自陈政见。后又让贾谊当梁怀王的太傅。梁怀王是孝文帝的少子，很喜欢念书。后来，孝文帝封淮南后王子四人都为列侯。贾谊数次上疏谏，认为祸患从此就产生了，又说诸侯或连数郡，并非自古以来就有的制度，可进行削减。后梁怀王不幸坠马而死，贾谊悔恨自己没有尽到老师的责任，哭了一年多，也死了，当时年仅33岁。他的抱负最终也没有得到施展。

《昭明文选·运命论》讲："故木秀于林，风必摧之；堆出于岸，流必湍之；行高于人，众必非之。"这段话就是对锋芒太露的昭示。

韬晦，在旧社会，有"圣人韬光"一语。《旧唐书》里记载唐宪宗第十三子李忱在年轻未登位时，梦见乘龙上天，他母亲教他装痴作呆，"以事韬晦"，以防他人加害。可见韬光晦迹，并非一般掩藏，无所作为，而是指掩藏自己的"野心"与真实目的。

在韬晦之术中，《周易》提出"潜龙勿用"思想。孔子对此做过精辟的解释。他在《易系辞》中讲："尺蠖之屈，以求伸也。龙蛇之蛰，以存身也。"他以尺蠖爬行与龙蛇冬眠类比"以屈求伸"的策略。

当然，韬光养晦并不意味着什么事也不做，而是尽量把上司交给你的事情做好。同时，尽量少去炫耀你做了什么事，也不要到处去吹嘘你的能力。

知己知彼，求升职加薪

晋升的机会来临时，各种小道消息在单位蔓延。那么，在面临这样的机会时，蠢蠢欲动的你要不要主动地找上司反映自己的愿望，提出自己的要求呢？这常常是人们为之苦恼的事情。因为，如果自己不去争取，很可能就会失去机会；而如果争取，又担心上司会认为自己过于自私，争名夺利，究竟该怎么办呢？

当人们谈论工作是为什么的时候，可能有很多不同的回答。但是，谁都不能否认我们是为利益而工作，例如金钱、福利、职务、荣誉等，否则就显得太不诚实了。在当今社会中，有几人不是为利益而工作的呢？

我们强调在与老板相处的过程中要学会争利这个问题，就是由于有太多的人因为不会争利而频频"吃亏"。

作为下级，向上司提出请求时应讲究方式，不能简单化。宜明则明，宜暗则暗，宜迟则迟，这要根据你上司的性格、你与上司以及同事的关系、别人对你的评价等因素来定。

人世间到处充满竞争。就社会来讲，有经济、教育、科技的竞争，就升职来说也不例外，在通向金字塔顶端的道路上每一步都有竞争的足迹。

对于同一职位觊觎者有很多。当你知道某一职位或更高职位出现空缺而自己完全有能力胜任这一职位时，保持沉默绝非良策，而是要学会争取，主动出击，把自己的意见或请求告诉老板，常常能使你如愿以偿。特别是老板有了指定的候选人，而这位候选人在各方面条件都不如你时，本着对自己负责的态度，也要积极主动争取，过分的谦让只会堵死你的升职之路。

哪些人易受上司青睐

上司总要栽培和提拔他的下属。这样既有利于公司事业的发展，又能更好地满足上司的成就感，帮助他为公司创造业绩。如果你对公司的生意有贡献，就意味着你时刻都有得到上司青睐的机会。

> ### 1.忠诚可靠的人。
>
> 也许你在公司表现得不那么出众，但却得到了上司的提拔，那是因为他看中了你的忠诚可靠。

> ### 2.乐观自信的人。
>
> 乐观自信的人能让上司信任，因为他们充满朝气，干工作劲头十足。

> ### 3.独当一面的人。
>
> 能够独当一面，也是上司最需要的。如果你能替上司分担一些责任，能够单独主持一个部门的工作，并且做得很好，上司就一定会给你升职或加薪的机会。

> ### 4.具有开拓精神的人。
>
> 现代社会形势不断发生变化，我们的工作方式也随之不断变化。如果你的不安能促使自我鞭策，具有果敢的开拓精神，一定会得到上司的青睐。

虽然管理的职位愈来愈少，但你想担任管理职位的心情如果越迫切，就越会引起反效果。若同事比自己较早升任主管，你就妒恨的话，那么，主管的职位就会离你更远了。

人一焦躁或妒恨时，心理就会失去平衡，心态不平衡的人，是很容易失去机会的。

当同事比你抢先出头时，你不要着急，也不要妒忌，还是应该尽全力工作，周围的人不会是瞎子的。这就是一种以退为进的办法。

工薪阶层职员的沉浮，完全是由上司的看法和周围的环境决定的。你必须懂得以退为进的办法。如果同事升迁你就表示不满，朋友薪水比你高你就眼红的话，你便不能出人头地了。以曲线式的想法来说，你若不了解"以退为进""后来居上"的战术，必定无法获得胜利。

假定机会到来，轮到你可以晋升。你为了要让这种可能性变成事实，首先必须让你的同事，承认你有资格成为他们的新上司。再说，如果要让你的同事乐意为你效劳，也必须使他们对你的为人处世方法心服口服。

在外企中一般要通过你的薪金来体现你的价值。知道自己到底值多少钱，对于准备跳槽和已经跳槽的人来讲都是一件比较重要的事情。

即使对于国企或中小企业的员工来说，知道自己的价值也会知道自己的付出与获得大致成什么样的比例，在选择工作时就知道哪些是需要注意的。

如果希望成为一名优秀的员工，并获得较多的升职和加薪，就应当读一些与自己的工作有密切关系的理论书、指导书和对为人处世有益的书。

公司是一个充满竞争的小社会，只有在公司里发挥出最大能力的人，才可以使自己干得出色，能够获得更多的升职和加薪的机会。有许多人虽然工作踏实肯干、尽心卖力，却不能取得理想的效果，缺乏学识就是原因之一。因而，读书学习就成为必要和紧迫的事情。

当你如愿地加薪或升职后，你要更加敬业，一刻也不要疏忽。别忘了，很多人都在冷眼旁观，给你打分，如果你做得很好，他们也无话可说了。当得不到重用时，也不要自暴自弃，正好可以利用这一时机广泛收集各种信息、吸收各种知识，以此增强自己的实力。一旦时运到来，你便可跃得更高，变得更加耀眼！

© 民主与建设出版社，2019

图书在版编目（CIP）数据

方与圆：经营人生的智慧 / 李娜编著 . —— 北京：
民主与建设出版社，2019.5（2023.8 重印）

ISBN 978-7-5139-2472-6

Ⅰ. ①方… Ⅱ. ①李… Ⅲ. ①人生哲学－通俗读物
Ⅳ. ① B821-49

中国版本图书馆 CIP 数据核字 (2019) 第 076468 号

方与圆：经营人生的智慧
FANG YU YUAN：JINGYING RENSHENG DE ZHIHUI

编　　著：李　娜
责任编辑：王　颂
封面设计：冬　凡
出版发行：民主与建设出版社有限责任公司
电　　话：（010）59417747　59419778
社　　址：北京市海淀区西三环中路 10 号望海楼 E 座 7 层
邮　　编：100142
印　　刷：三河市京兰印务有限公司
版　　次：2019 年 5 月第 1 版
印　　次：2023 年 8 月第 5 次印刷
开　　本：880mm×1230mm　1/32
印　　张：6.5
字　　数：154 千字
书　　号：ISBN 978-7-5139-2472-6
定　　价：30.00 元

注：如有印、装质量问题，请与出版社联系。